天津市蓟州区林业局 ▣ 编

U0673906

天津
山区绿化植物图鉴

中国林业出版社

《天津山区绿化植物图鉴》
编委会

主　　编	赵国明	金玉申			
副主编	付志鸿	王铁锤	高玉娟	邱玉兰	杨越超	李顺梅
编写人员	崔国兴	李春野	刘凤明	李志坚	王景利	郝铁军
	孔凡涛	么明松	蒙丽军	孙　瑶	高卫东	张惠超
	孔祥宇	赵光宇	李玉奎	张　杪	高志伟	王　涛
	付　兴	郭志安	郭丽萍	王洪波	付　聪	张景新
	张艳梅	孟丽慧	康小娜	刘学田	李海岚	田　鑫
	陈福志	王　倩	丁　一	魏志勇	张益春	欧学振
	赵　阳	王乃方	徐锡祥	刘金明	程旭辉	张明杰
	杨晓琛	刘长伟	周彩杰	张艳红	佟铁生	张立书
	张向东	张爱东	康玉杰	张向阳	王春华	王化山
	谢灵枝	赵　京	张大永	张贤鸣	张绍清	杨　浩
	曹东升	辛　娜	于亚娜	张艳辉		
摄　　影	梁文兵	付志鸿	邱玉兰	赵连合	李玉奎	李春野
	崔国兴	李顺梅	王云鹏			

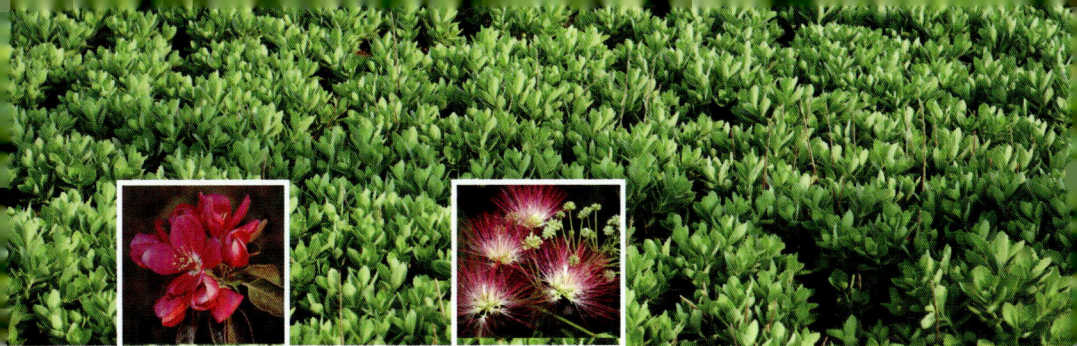

前　言

PREFACE

　　蓟州区是天津市唯一的山区，2019年，全区有林地面积86.3万亩。绿色蓟州已经成为护卫京津的绿色屏障，被誉为"京津后花园"。

　　蓟州区林业的发展与大力推广林业新品种、新技术密切相关。为了总结林木种苗在园林绿化中发挥的作用，促进绿色蓟州建设，我们编印了《天津山区绿化植物图鉴》。该书系统介绍了天津山区适生栽培树种的形态特征和生长习性，内容丰富，通俗易懂，图文并茂，是一部林业科技专业图书。

　　全书共收集蓟州区用于山区造林、平原造林、园林绿化、湿地建设的264种适生植物。其中，乔木类109种，灌木类58种，草本花卉类74种，其他类23种，可供林业、园林工作者和林农朋友参考。

　　本书在编写过程中得到蓟州区林业局科技人员的大力支持，在此谨致谢意！

编者

2020年10月

内容简介

　　《天津山区绿化植物图鉴》共3章，第1章概论，概要介绍蓟州区绿化的发展历程、常见苗木品种、技术支撑、苗木经营的基本情况；第2章绿化植物种类，分别介绍乔木类、灌木类、草本花卉类和其他类共计264种植物的生物学特性，对每种植物都详细介绍了其形态特征、生长习性、栽培分布、生长状况、应用价值，配备了图片，从枝、叶、茎、花、果不同部位来展现树体形态；第3章收录了由蓟州区林业局制定、天津市技术监督局发布的天津市绿化地方标准，为绿化实践应用提供技术和法律保证。

　　本书内容丰富，图文并茂，具有鲜明的地方性、完整性、系列性、科学性，可供林业、园艺、园林工作者参考。

目　录
CONTENTS

第2章 绿化植物

灌木类
观花类

第3章　绿化地方标准

第1章

概 论

蓟州区（2016 年，撤销蓟县，设立蓟州区）位于天津市最北部，历来是自然环境优美、自然资源丰富、人文景观荟萃、文化底蕴厚重的中国历史文化名县，今天被誉为"京津后花园"。地理坐标为东经 117°05′～117°47′，北纬 39°45′～40°15′，总面积 1590km²。

蓟州区属山区、平原兼备地形，总体地势是北高南低，北部山区，南部平原。土壤以褐土类为主，气候属于暖温带半湿润大陆性季风型气候，年平均气温 12.5℃，大于等于 0℃ 的活动积温为 4639.1℃，无霜期 196 天，年平均降水量 615.2mm。

蓟州区苗木、花灌木生产历史悠久。嘉靖年间，蓟县（今称蓟州区）地区就有银杏、无花果等观赏树种栽培。20 世纪 60 年代，蓟县人民政府组织发动全县采集树种、培育苗木；70 年代，开展了国有、集体、个人三级育苗；80 年代，用于林、果生产的苗木和花灌木品种日益繁多，到现在，蓟州区成为京东规模最大的苗木、花灌木集散地。

1.1 发展历程

蓟州区苗木、花灌木生产经历了由采集树种、引种到大量繁育的产业化进程。

1.1.1 采种

1964 年 9 月，蓟县农林局、蓟县供销社联合在城关、邦均、别山、马伸桥、下营供销处建立林木种子收购站，供销处以下的供销社、供销站为林木种子收购点。

1972 年，蓟县革委会发动群众开展采集树种活动，为造林绿化打下种苗基础。

1973 年，蓟县召开全县林业工作会议，开展三级育苗。

1984 年，全县采购各种树种子 5 万 kg。

1.1.2 引种

1956 年 3 月，蓟县农林局从遵化县引进苹果树苗 2 万棵。

1974 年 3 月，蓟县农林局调进松柏、泡桐、杂交杨树苗 220 万棵。

1978 年 10 月，蓟县农林局引进苹果树苗 24 万棵。

1982 年，蓟县林业局调入各种树苗 100 余万棵。

1984 年，蓟县林业局引进和调集林果种子 14 万 kg，苗木 955 万棵。

1985 年 3 月，蓟县林业局引进红富士苹果果树苗 0.5 万棵，引进圆柏树苗 5 万棵。

2000 年以来，蓟县城区苗木生产达到新水平，蓟县成为季季有花、处处有景、空气清新、环境优美的生态文化城。

1.1.3 育苗

20 世纪 60 年代以后，蓟县林业部门先后建立了国营苗圃，乡、村集体苗圃和个人家庭苗圃。到 1985 年，蓟县内国营苗圃发展到 4 个：青甸苗圃、小屯苗圃、山地苗圃、南石庄苗圃，经营面积达 100.6hm^2。

20 世纪 70 年代，社、队集体苗圃迅速发展。到 1980 年，建成 40 个社办苗圃：侯家营、下营、尤古庄、大埝上、桑梓、白涧、别山、翠屏山、下窝头、下仓、大埝上、宋家营、邦均、李庄子、东二营、五百户、九百户、西塔、白塔子、东施古、东塔、东赵、杨津庄公社等 40 处苗圃，总面积 225hm^2。1980 年，建成 192 个队办苗圃，三级苗圃育苗面积 570 hm^2，荣获林业部"全国育苗先进县"称号。

20 世纪 80 年代，社员家庭育苗有了发展。到 1985 年，全县家庭育苗发展到 11217 户，面积 452.53 hm^2，其中育苗面积 0.33 hm^2 以上的专业户有 276 户。

到 1985 年年末，全县共有苗圃 6155 个，其中国营苗圃 9 个，乡、村苗圃 33 个，个人苗圃 6113 个；育苗总面积 5172 hm^2。

1991—2003 年，是苗木、花灌木快速发展阶段。从过去的数量型转变为质量效益型，从单纯生产销售型转变为生产和承建绿化工程联合型，从生产小规格苗木的小农型转变为经营大规格苗木的市场型，蓟县苗木花卉产业走出新路。

1.2 常见苗木种类

用在荒山造林、平原绿化和城区、乡镇、庭院绿化美化三个系列的苗木花卉总计 248 种。

1.2.1 荒山造林类

荒山造林常用种类 7 种：油松、侧柏、黄栌、火炬树、山桃、山杏、栾树。

1.2.2 平原绿化类

平原绿化常用种类 20 种。

杨树系列：加拿大杨、北京杨、毛白杨、新疆杨、84K 杨，共 5 种。

柳树系列：旱柳、旱快柳、馒头柳、垂柳、金丝垂柳、龙须柳，共 6 种。

槐树系列：槐树、刺槐、红花槐，共 3 种。

法桐系列：榆树、白蜡、椿树、合欢、泡桐、法桐，共 6 种。

1.2.3 城区、乡镇庭院绿化美化类

城区、乡镇庭院绿化美化常用种类 221 种。

常绿乔木：油松、雪松、白皮松、华山松、五针松、北京桧柏 、蜀桧、河南桧、侧柏、千头柏、龙柏、青杆、白杆，共 13 种。

落叶乔木：毛白杨、红叶杨、垂柳、金丝垂柳、馒头柳、槐树、金枝槐、金叶槐、香花槐、蝴蝶槐、朝鲜槐、龙爪槐、白蜡、美国小叶白蜡、园蜡二号、法桐、银桐（英桐）、美桐、梧桐（青桐）、金叶榆、大叶垂枝榆、小叶垂枝榆、千头椿、红叶椿、元宝枫、五角枫、红枫、合欢、栾树、灯台树、皂荚、梓树、楸树、构树、复叶槭、火炬树、丝棉木、杜仲、椴树、栓皮栎、蒙古栎、大叶桑、龙桑、核桃楸，共 44 种。

常绿灌木：大叶黄杨、小叶黄杨、北海道黄杨、大叶卫矛、胶东卫矛、沙地柏、偃柏，共 7 种。

落叶灌木：金叶女贞、绿叶女贞、红叶小檗、绿叶小檗、金叶莸、绿叶莸、水蜡、金叶水蜡、平枝栒子、柽柳，共 10 种。

藤本观花观叶植物：三叶地锦、五叶地锦、大叶爬蔓卫矛、小叶爬蔓卫矛、常春藤、紫藤、凌霄、金银花、山葛条、蔷薇、爬蔓月季，共 11 种。

观花观果亚乔木、花灌木：迎春、连翘、榆叶梅、紫叶李、紫叶稠李、太阳李、矮樱、山桃、山杏、山杜梨、樱花、西府海棠、垂丝海棠、贴梗海棠、梨花海棠、八棱海棠、北美海棠、白花碧桃、粉花碧桃、红花碧桃、红叶碧桃、白丁香、红丁香、晚紫丁香、四季丁香、暴马丁香、天目琼花、红王子锦带、粉花锦带、棣棠、黄刺玫、玫瑰、四季玫瑰、牡丹、红瑞木、金银木、接骨木、紫荆、紫珠、丛生紫薇、独干紫薇、珍珠梅、木槿、风箱果、孩儿拳头、木桠绣球、海仙花、品种月季、丰花月季、黄栌、红栌、银芽柳、金焰绣线菊、金焰绣线菊、日本红花绣线菊，共 55 种。

竹子类：刚竹、黄槽竹、早园竹、箬竹，共 4 种。

露天宿根花卉：紫花地丁、二月兰、白头翁、耧斗菜、风铃草、荷包牡丹、蓝蝴蝶鸢尾、德国鸢尾、水生鸢尾、球根鸢尾、大花萱草、金娃娃萱草、大花单瓣萱草、常夏石竹、锦团石竹、薄荷、马薄荷、马蔺、百合、芍药、金鸡菊、金光菊、天人菊、松果菊、荷兰菊、地被菊、秋菊、宿根福禄考、假龙头、白玉簪、紫玉簪、花叶玉簪、熏衣草、落新妇、剪秋萝、婆婆纳、鼠尾草、紫露草、射干、千屈菜、桔梗、蜀葵、锦葵、芙蓉葵、八宝景天、凤尾兰，共46种。

地被植物、观赏草：土麦冬、常夏石竹、红花酢浆草、紫叶酢浆草、佛甲草、费菜、白三叶、半枝莲、狼尾草、矮蒲草、玉带草、细叶芒，共12种。

湿地水生植物：荷花、睡莲、凤眼莲、水浮莲、荇菜、野菱、泽泻、慈姑、香蒲、芦苇、雨久花、水葱、黄菖蒲、千屈菜、菖蒲、三菱草、浮萍、水芹菜、水草，共19种。

1.3 技术支撑

1.3.1 苗木扦插

扦插繁殖是一种苗木生产中应用较广的方法，优点是操作简便，成活率高，生长快速，性状稳定。主要包括嫩枝扦插和硬枝扦插。

嫩枝扦插。取当年生未形成木质化的嫩枝做插穗，长度在 15 ~ 20cm 为宜，剪去下部叶片，留顶端 2 ~ 3 对叶片，如枝条过长可切去顶梢，剪口平滑成马蹄形。扦插时间宜在 6 ~ 8 月进行，温度要求在 20 ~ 25℃，湿度要求在 80%。基质选用透气性较好的粗河砂，并用多菌灵对其进行消毒处理，插穗插入基质中 1/3 ~ 1/2，插毕用细孔壶喷水。插穗扦插前最好用多菌灵浸泡做好消毒处理。另外，为早生根，还要采用药物处理，可用 50µl/L、100µl/L、150µl/L 吲哚丁酸进行速沾。

硬枝扦插。硬枝扦插是在落叶后剪取硬枝进行扦插，落叶后选取成熟、节间短而粗壮的 1 年生枝条作为插穗，插穗的切割剪取方法基本同嫩枝扦插。

1.3.2 全光照喷雾技术

全光照喷雾嫩枝扦插育苗技术，即在全日照条件下，不加任何遮阴设施，利用半木质化的嫩枝插穗和排水通气良好的插床，并采取自动间歇喷雾的现代技术，进行高效率的规模化扦插育苗的方法，这种方法是当代国内外广泛采用的育苗技术，它能充分利用自然条件，生根迅速，苗木生长快，育苗周期短，材料来源丰富，生产成本低廉和苗木培育接近自然状态，抗逆性强，易适应移栽后的环境等优点，可实现专业化、工厂化和良种化的大规模生产，是植物大量繁殖行之有效的好办法。

1.3.3 苗木嫁接

苗木嫁接方法主要有枝接法、芽接法和套接法。

1.3.4 化学除草

在第一次耙地后喷洒除草醚，5 月初至 6 月中旬用药两次，基本上可以确保苗木生长旺季不长草，每年 8 月再喷一次药，全年可无荒地。

1.3.5 新技术应用

2010 年，在蓟平高速公路绿化工程中，成功应用了遮阳网和生态垫，在矿面治理过程中采用阶梯式立体绿化模式，景观效果显著；2011 年，在西翼路工程中，采用了树木输液的方法，提高了大树移栽的成活率；2011—2012 年，在落羽杉引种与驯化项目中，采用了生根粉喷根、高脂膜喷冠、人工喷水等先进技术，提高了落羽杉移栽成活率；2013 年，在邢家沟矿面治理工程中，根据不同地形和岩体，采用挂网喷播和开穴种植相结合技术，取得了复杂地形矿面治理的成功。

2010 年，蓟县国营小屯苗圃先后实施了"瑞典速生能源柳引进及栽培技术示范""优质杏品种引进与示范""落羽杉引种试验观察""蓟县核桃高接换优"4 项技术，取得明显的经济效益和社会效益。

1.4 苗木经营

进入 21 世纪，蓟县以李庄子基地（即 102 国道）为核心，以 102 国道为主线，辐射带动周边 26 个乡镇苗木花卉基地的"一带十区"的发展格局。到 2013 年，全县苗木、花灌木面积达到 3333.33 hm²，涉及 7 个乡镇 110 个村，从业人数 20000 人，年出圃 1.5 亿株，销售额 5.1 亿元，是蓟县林业产业发展的一个突出亮点。

第2章
绿化植物

乔木类

雪松 *Cedrus deodara*

松科 Pinaceae

常绿乔木，树高达 50 ～ 70m，胸径 3m，树冠圆锥形。树皮灰褐色，不规则鳞片状剥落。大枝不规则轮生，平展，一年生长枝淡黄褐色，有毛；短枝灰色。叶针状，灰绿色，长 2.5 ～ 5cm，20 ～ 60 枚簇生于短枝顶端。雌雄异株，少数同株。球果椭圆状卵形，长 7 ～ 10cm；种子三角状，种翅宽大。花期 10 ～ 11 月，球果次年 9 ～ 10 月成熟。蓟州区有栽植。

白杆 *Picea meyeri*

松科 Pinaceae

　　又名麦氏云杉、毛枝云杉。常绿乔木，树高约 30m，胸径约 60cm，树冠狭圆锥形。树皮灰色，呈不规则薄鳞片状剥落。大枝平展；小枝密生或多或少的短毛，具叶枕。叶灰绿色，四棱状条形，长 1.3 ～ 3.0cm，螺旋状排列。球果长圆状圆柱形，长 5 ～ 9cm。种鳞倒卵形，先端扇形，基部狭，背部有条纹。种子倒卵形，黑褐色，长 4 ～ 5mm，连翅长 1.2 ～ 1.6cm。花期 4 ～ 5 月，果 9 ～ 10 月成熟。蓟州区有栽植。

青杆 *Picea wilsonii*

松科 Pinaceae

又名魏氏云杉、细叶云杉。常绿乔木，树高达 50m，胸径 1.3m，树冠圆锥形。一年生小枝淡黄绿，无毛，罕疏生短毛；二年生、三年生枝淡灰色或灰色；芽灰色，无树脂，小枝基部宿存芽鳞紧贴小枝。叶较短，长 0.8 ~ 1.3cm，横断面菱形或扁菱形，各气孔线 4 ~ 6cm。球果卵状圆柱形或圆柱状长卵形，成熟前绿色，熟时黄褐色或淡褐色，长 4 ~ 8cm，直径 2.5 ~ 4.0cm。花期 4 月，球果 10 月成熟。蓟州区栽植较多。

华山松 *Pinus armandii*

松科 Pinaceae

又名青松。常绿乔木，树高达 30m，胸径 1m，树冠广圆锥形。小枝平滑无毛。冬芽小，圆柱形，栗褐色。幼树树皮灰绿色，老树皮则开裂成方块状，不剥落。针叶 5 针一束，长 8～18cm，宽 1～1.5mm，断面近三角形，近缘有细锯齿。球果圆锥状长卵形，长 10～22cm，直径 5～9cm，翌年成熟。种子暗褐色，无翅。花期 4～5 月，球果次年 9～10 月成熟。蓟州区多有栽植。

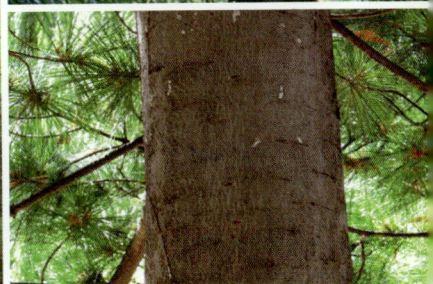

白皮松 *Pinus bungeana*

松科 Pinaceae

常绿乔木，树高达 30m，树冠宽塔形。树皮灰绿色或粉白色，内皮粉白色，裂成不规则鳞片状薄片脱落。一年生枝灰绿色，光滑无毛。针叶 3 针一束，长 5 ~ 10cm，边缘有细锯齿，树脂道边生；叶背、腹两侧均有气孔线，叶鞘早落。雄球花序长约 10cm，鲜黄色。球果圆锥状，卵圆形，长 5 ~ 7cm，成熟时淡黄褐色，近于无柄。鳞背宽阔而隆起，有横脊，鳞脐有刺。蓟州区栽植较多。

日本五针松 *Pinus parviflora*

松科 Pinaceae

又名五钗松。常绿乔木，树高达 30m，胸径 1.5m，树冠圆锥形。树皮幼时淡灰色，光滑，老时橙黄色，呈不规则鳞片状剥落，内皮赤褐色。一年生小枝淡褐色，密生淡黄色柔毛。冬芽长椭圆形，黄褐色。叶细短，5 针一束，长 3 ~ 6cm，簇生枝端，带蓝绿色，内侧两面有白色气孔线，边缘有细锯齿，在枝上生存 3 ~ 4 年。球果卵圆形或卵状椭圆形，长 4.0 ~ 7.5cm，直径 3.0 ~ 4.5cm。蓟州区有栽植。

油松 *Pinus tabulaeformis*

松科 Pinaceae

  又名短枝马尾松、东北黑松。常绿乔木，树高达 30m，胸径约 1m，树冠在壮年期呈塔形或光卵形，在老年期呈盘状或伞形。树皮灰棕色，裂成不规则的鳞片状块片，裂缝及上部树皮红褐色。针叶 2 针一束，长 10～15cm，叶背、腹两侧均有气孔线，叶内树脂道边生；叶鞘宿存。雄球花橙黄色，雌球花绿紫色。球果卵圆形，长 4～9cm，果宿存数年不落，鳞脊凸起具刺尖。蓟州区山区造林的先锋树种。

侧柏 *Platycladus orientalis*

柏科 Cupressaceae

又名扁松、扁柏、扁桧。常绿乔木，树高达 25m，胸径达 1m。树皮薄，淡褐色或灰褐色，细条状纵裂。小枝直展扁平，全部鳞叶。叶 2 型，中央叶倒卵状菱形，两侧叶船形，中央叶与两侧叶交互对生。雌雄同株，雌雄花均单生于枝顶。球果长卵形。种子卵形，灰褐色，长约 4mm，无翅。花期 3 ～ 4 月，果熟期 9 ～ 10 月。蓟州区山地造林、园林绿化广为使用。

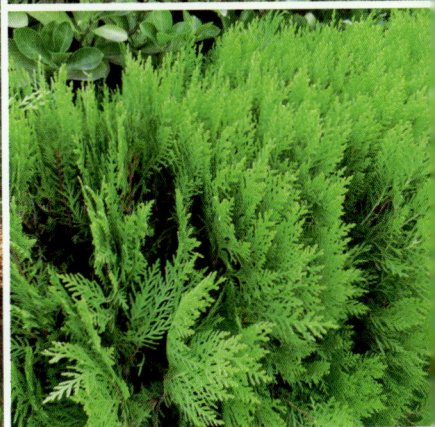

圆柏 *Sabina chinensis*

柏科 Cupressaceae

又名桧柏、刺柏。常绿乔木,树高达 20m,胸径达 3.5m,树冠尖塔形或圆锥形。树皮灰褐色呈纵条剥离,有时呈扭转状。老枝常扭曲状,小枝直立,亦有略下垂的;冬芽不显著。叶有两种,鳞叶交互对生;刺叶常 3 枚轮生,长 0.6 ~ 1.2cm,叶上面微凹,有 2 条白色气孔带。雌雄异株,极少同株;雄球花黄色,有雄蕊 5 ~ 7 对,对生;雌球花有珠鳞 6 ~ 8,对生或轮生。果球形,直径 6 ~ 8mm。蓟州区多用作绿篱。

龙柏 *Sabina chinensis* 'Kaizuca'

🔻 柏科 Cupressaceae

常绿小乔木，树高达 12m。喜充足的阳光，适宜种植于排水良好的砂质土壤上。树皮呈深灰色，树干表面有纵裂纹；树冠圆柱状。叶大部分为鳞形叶，少量为刺形叶，沿枝条紧密排列成十字对生。花单性，雌雄异株，于春天开花，花细小，淡黄绿色，并不显著，顶生于枝条末端。浆质球果，内藏两颗种子。蓟州区居民小区绿地有栽植。

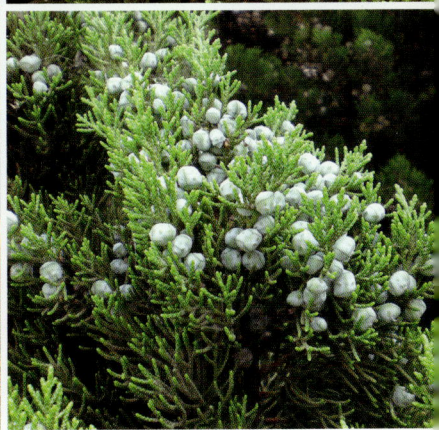

河南桧柏 *Sabina chinensis* cv.

▽ 柏科 Cupressaceae

又名虎门铁。常绿乔木，树高达 20m，树冠尖塔形或圆锥形，老树广卵形。叶 2 型，幼树或基部徒长的萌蘖枝上多为三角状钻形，3 叶轮生，基部有关节并向下，老树多为鳞形叶，对生，紧密贴于小枝上；亦有从小一直全为钻形叶的植株。花雌雄异株，雄球花秋季形成，次年开放，花黄色；雌球花形小。球果次年成熟，浆果状不开裂，外被白粉。蓟州区栽植较多。

望都塔桧 *Sabina chinensis* cv.

柏科 Cupressaceae

又名北京塔桧、塔桧。 树形似宝塔，树姿挺拔、优美、雄壮、尤其侧枝上分枝，特密而又匀称有致，水泼不入，针叶浓绿青翠、繁茂而有光泽；适应性广，抗逆性强，耐旱又特耐寒。望都塔桧是圆柏的变异品种，经过几年时间的生长，以其独特的魅力、优美的树形、优良的特性，赢得了人们的青睐，是园林绿化的首选常绿树种，蓟州区城区外环线绿化隔离带大量栽植。

银杏 *Ginkgo biloba*

银杏科 Ginkgoaceae

又名白果树、公孙树。落叶大乔木，树高达 40m，胸径达 3m 以上。树皮灰褐色，深纵裂。主枝斜出，近轮生，枝有长枝、短枝之分。雌雄异株，球花生于短枝顶端的叶腋或苞腋，雄球花 4～6 朵，无花被，长圆形，下垂。种子核果状，椭圆形，直径 2cm；外种皮肉质，有臭味；中种皮白色，骨质；内种皮膜质。蓟州区有较多栽植。

华北落叶松 *Larix principis-rupprechtii*

松科 Pinaceae

　　乔木，树高达 30m，树冠圆锥形。树皮暗灰褐色，呈不规则鳞状开裂。大枝平展；小枝不下垂；一年生长枝淡褐黄色或淡褐色，常无或偶有白粉，幼时有毛后脱落，枝较粗，径 1.5 ～ 2.5mm；二年生、三年生枝变为灰褐色或暗灰褐色，短枝顶端有黄褐或褐色柔毛，2 ～ 3mm。叶长 2 ～ 3cm，宽约 1cm，窄条形。球果长卵形或卵圆形，长 2 ～ 4cm，直径约 2cm。种子灰白色，有褐色斑纹。蓟州区有栽植。

新疆杨 *Populus alba* var. *pyramidalis*

▼ 杨柳科 Salicaceae

　　落叶乔木，树高 15 ～ 30m，树冠窄圆柱形或尖塔形。树皮灰白色或青灰色。萌条和长枝叶掌状深裂；短枝叶圆形，叶柄侧扁或近圆柱形。雄花序长 3 ～ 6cm，花序轴有毛，苞片条状分裂，边缘有长毛，柱头 2 ～ 4 裂；雄蕊 5 ～ 20，花盘有短梗，宽椭圆形，歪斜，花药不具细尖。蒴果长椭圆形，长约 5mm，通常 2 瓣裂；雌花序长 5 ～ 10cm，花序轴有毛。蓟州区邦喜公路两侧有栽植。

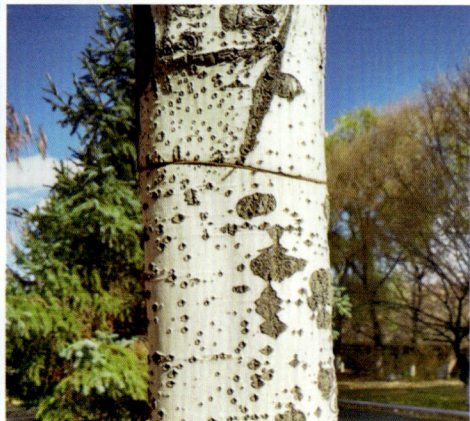

北京杨 *Populus × beijingensis*

杨柳科 Salicaceae

　　落叶乔木，树高 25m，树干通直，树冠卵形或广卵形。树皮灰绿色，渐变绿灰色，光滑；皮孔圆形或长椭圆形，密集。芽细圆锥形，先端外曲，淡褐色或暗红色，具黏质。长枝或萌条枝叶、短枝叶卵形，长 7～9cm；叶柄侧扁，长 2～4.5cm。雄花序长 2.5～3cm，苞片淡褐色，长 4mm，具不整齐的丝状条裂，裂片长于不裂部分，雄蕊 18～21 个。蓟州区有栽植。

沙兰杨 *Populus × canadensis* 'Sacrau 79'

杨柳科 Salicaceae

　　落叶乔木，树干高大微弯，树冠大而宽阔，树皮灰白或灰褐色；侧枝稀疏，长枝或萌枝具棱线，皮孔白色，芽三角状圆锥形；短枝叶三角形或三角状卵形，长 8～11cm，宽 6～9cm，叶柄扁平，光滑，淡绿色，常带红色，长 4～8cm。只有雌株，雌花序长 3～8cm，子房黄褐色，具光泽，近圆形。果序长 20～25cm，蒴果长卵圆形，长达 1cm，2 瓣裂。蓟州区植树使用较多。

108杨 *Populus × euramericana* 'Guariento'

杨柳科 Salicaceae

　　落叶乔木，其生长速度快，树高年生长量为 3.0 ～ 4.0m，胸径年生长量 4.0 ～ 4.5cm。有很强的抗寒、抗旱和抗病虫害能力，对土壤要求不严格，在最低气温 −35℃地区可安全过冬，在年均降水量 300mm 的地区生长良好，在 pH 值 7 ～ 9 的砂壤土上生长良好；无性繁殖容易，扦插成活率 90 %以上；干形好，尖削度小；材质好，在纤维长度和木材密度上都优于现有速生杨，是蓟州区绿化的重要树种。

107杨 *Populus × euramericana* 'Neva'

杨柳科 Salicaceae

　　落叶乔木，树干通直，树干尖削度很小，窄冠，树冠圆满，分枝角度小于45°。叶片肥厚，生长速度快，树高年生长量3.0～4.0m，胸径年生长量4.0～4.5cm。抗寒、抗旱、抗病虫害能力强。在年降水量400mm的地区，pH值7～8.5的砂壤土上生长良好；在最低气温−30℃地区可安全越冬。无性繁殖容易，扦插成活率在90％以上。蓟州区绿化先锋树种。

中红杨 *Populus × euramericana* 'Zhonghuahongye'

▼ 杨柳科 Salicaceae

　　落叶乔木，雄性，无飞絮。树干通直圆满，年生长高度 3 ~ 4m，节间长 3 ~ 5cm。叶面宽 12 ~ 23cm，叶面长度 12 ~ 25cm；顶梢及新发侧顶端枝始终为紫红色；叶片从发芽到 6 月中旬为紫红色，7 月中旬至 10 月上旬变为褐绿色，10 月后逐渐变为橘黄色。蓟平高速公路两侧绿化带有栽植。

中林46杨 *Populus × euramericana* 'Zhonglin-46'

▼ 杨柳科 Salicaceae

　　落叶乔木，雌株。早期生长比较迅速，但第5年后生长量迅速下降，生根力强，苗期生长量大，造林成活率高。缺点是易风折，湿心材和溃疡病严重，后期生长慢，木材密度低，天牛危害严重。此品系可作为超短轮伐期用材造林，如纸浆材、中密度纤维板用材基地等造林。是造林绿化的优良树种，也是蓟州区平原林网的当家品种。

毛白杨 *Populus tomentosa*

杨柳科 Salicaceae

　　落叶大乔木，树高达 30m。树皮灰绿色或灰白色，老树干基部黑灰色，纵裂。芽卵形，花芽卵圆形或近球形。长枝叶阔卵形或三角形状卵形，长 10 ~ 15cm，宽 8 ~ 13cm；叶柄上部侧扁，长 3 ~ 7cm，先端通常有 2 ~ 3 个腺点；短状叶通常较小，卵形或三角形卵形。雄花序长 10 ~ 14cm；雄花苞片约具 10 个尖头，花药红色；雌花序长 4 ~ 7cm，苞片尖裂。果序长达 14cm。花期 3 ~ 4 月，果期 4 ~ 5 月。蓟州区广泛栽植。

垂柳 *Salix babylonica*

🔻 杨柳科 Salicaceae

　　高大乔木，树高可达 18m，树冠倒广卵形。小枝细长，枝条非常柔软，细枝下垂，长度 1～3m。叶狭披针形至线状披针形，长 8～16cm，先端渐长尖，缘有细锯齿，表面绿色，背面蓝灰绿色，叶柄长约 1cm。雄花具 2 雄蕊，2 腺体；雌花子房仅腹面具 1 腺体。花期 3～4 月，果熟期 4～5 月。蓟州区河岸、庭院、道旁、草坪多有栽植。

金丝垂柳 *Salix × aureo-pendula*

▼ 杨柳科 Salicaceae

　　落叶乔木，树高可达 10m 以上，树冠长卵圆形或卵圆形。枝条细长下垂，小枝黄色或金黄色。叶狭长披针形，长 9 ～ 14cm，缘有细锯齿。 生长季节枝条为黄绿色，落叶后至早春则为黄色，经霜冻后颜色尤为鲜艳；幼年树皮黄色或黄绿色。蓟州区在水库、河渠岸边、道路两侧、庭院多有栽植。

旱柳 *Salix matsudana*

▼ 杨柳科 Salicaceae

乔木，树高达 18m。树皮暗灰黑色，纵裂。枝直立或斜展，褐黄绿色；芽褐色，微有毛；叶披针形，长 5 ~ 10cm，宽 1 ~ 1.5cm，先端长渐尖，基部窄圆形或楔形，叶缘有细锯齿，齿端有腺体，叶柄短，长 5 ~ 8mm，上面有长柔毛；托叶披针形，缘有细腺齿。雄花序圆柱形，长 1.5 ~ 2.5cm，花丝基部有长毛，花药黄色；苞片卵形，黄绿色。花期 4 月，果期 4 ~ 5 月。蓟州区乡土树种。

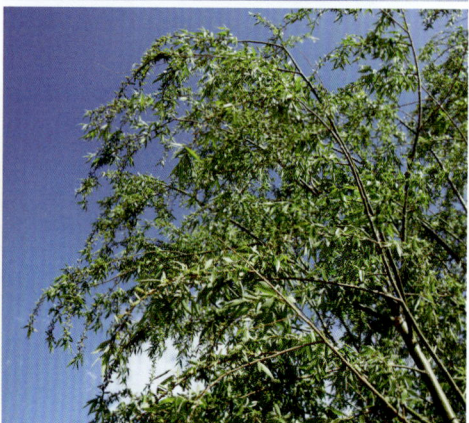

龙须柳 *Salix matsudana f. tortuosa*

▼ 杨柳科 Salicaceae

　　落叶乔木，树高达 20m，树冠圆卵形或倒卵形。树皮灰黑色，纵裂。枝条斜展，小枝淡黄色或绿色，无毛，枝微垂，无顶芽。叶互生，披针形至狭披针形，先端长渐尖，基部楔形，缘有细锯齿，叶背有白粉；托叶披针形，早落。雌雄异株，柔荑花序。花期 3 月，果 4～5 月成熟，种子细小，基部有白色长毛。蓟州区有栽植。

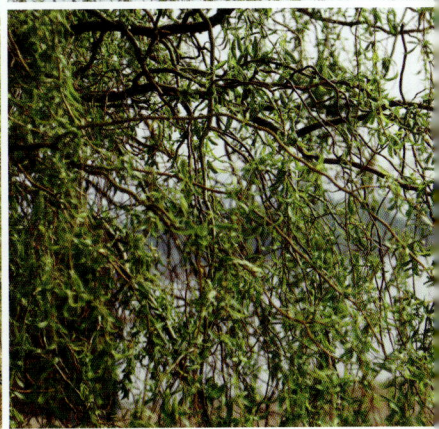

馒头柳 *Salix matsudana f. umbraculifera*

杨柳科 Salicaceae

　　落叶乔木，分枝密，端梢整齐，树冠半圆形，状如馒头，因其得名馒头柳。不用人工修剪，树冠自成半圆，它是旱柳的栽培变种。喜光，喜温凉气候，耐污染，速生，耐寒、耐湿、耐旱。不耐庇荫。在固结、黏重土壤及重盐碱地上生长不良。馒头柳的枝叶向上生长，长在树冠最外一圈，所以它绿荫面积特别大，发芽早，落叶迟。蓟州区有栽植。

合欢 *Albizia julibrissin*

豆科 Leguminosae

　　落叶乔木，树高可达 16m，树冠扁圆形，常呈伞状。树干浅灰褐色，树皮轻度纵裂，枝粗而疏生，主枝较低。小叶 10 ～ 30 对，镰状长圆形，两侧极偏斜，长 6 ～ 12mm，宽 1 ～ 4mm。花序头状，伞房状排列，腋生或顶生；花萼筒状，5 齿裂；花冠漏斗状，5 裂；雄蕊多数而细长，花丝犹如缕状，半白半红。荚果扁平，长椭圆形，长 9 ～ 15cm。花期 6 ～ 7 月，果期 9 ～ 11 月。蓟州区多用于行道树、小区绿化。

紫荆 *Cercis chinensis*

豆科 Leguminosae

　　落叶乔木，树高达 15m。单叶互生，叶卵圆形，长 6～14cm，叶顶端渐尖，基部心形，全缘，叶脉掌状，有叶柄，托叶小，早落。花于老干上簇生或成总状花序，紫红色，先于叶或和叶同时开放；花萼阔钟状，5 齿裂，弯齿顶端钝或圆形；花两侧对称，上面 3 片花瓣较小；雄蕊 10 枚，分离。荚果狭披针形，扁平，长 5～14cm，腹缝线处有狭翅；种子扁，数颗。花期 4 月，果 10 月成熟。蓟州区有栽植。

皂荚 *Gleditsia sinensis*

豆科 Leguminosae

　　落叶乔木，树高达 15 ～ 30m，树冠扁球形。树干皮灰黑色，浅纵裂，干及枝条常具刺，刺圆锥状多分枝，粗而硬直。小枝灰绿色，皮孔显著。冬芽常叠生，一回羽状复叶，小叶 6 ～ 14 枚，卵形至卵状长椭圆形，长 3 ～ 8cm，先端钝圆，叶缘有细钝锯齿，叶背网脉明显。总状花序腋生，花梗密被绒毛，花萼钟状被绒毛，花黄白色，萼瓣均 4 数。荚果，长达 12 ～ 30cm。花期 5 ～ 6 月，果 10 月成熟。蓟州区有栽植。

朝鲜槐 *Maackia amurensis*

豆科 Leguminosae

　　落叶乔木，高达 15m。树皮淡绿褐色，枝紫褐色。奇数羽状复叶，小叶 7 ～ 11 片，卵形或倒卵状矩圆形。复总状花序，长 9 ～ 15cm，花密集，白色，雄蕊 10 枚，花丝基部连合；花萼钟状，长约 4mm，花冠蝶形，长约 8mm，旗瓣倒卵形，顶端微凹，龙骨瓣长约 8mm；荚果扁平，暗褐色，长椭圆形至条形，长 3 ～ 7cm，宽 1 ～ 1.2cm。种子褐黄色，长椭圆形，长约 8mm。花期 6 ～ 7 月，果熟 10 月。蓟州区居民小区有栽植。

刺槐 *Robinia pseudoacacia*

豆科 Leguminosae

　　落叶乔木，树高 10 ~ 20m。树皮灰黑褐色，纵裂。枝具托叶性针刺，小枝灰褐色，无毛或幼时具微柔毛。奇数羽状复叶，互生，具 9 ~ 19 小叶；叶柄长 1 ~ 3cm，小叶柄长约 2mm，小叶片卵形或卵状长圆形，长 2.5 ~ 5cm，宽 1.5 ~ 3cm。花梗长 8 ~ 13mm，花冠白色，旗瓣近圆形，长 18mm；雄蕊 10 枚，子房线状长圆形；含 3 ~ 10 粒种子，二瓣裂。花果期 5 ~ 9 月。蓟州区有栽培。

香花槐 *Robinia pseudoacacia* 'Idaho'

🟢 豆科 Leguminosae

　　落叶乔木，树高 10 ～ 12m，树皮褐色，光滑。叶互生，由 17 ～ 19 片小叶组成羽状复叶，小叶椭圆形，长 4 ～ 8cm，比刺槐叶大，光滑，鲜绿色。总状花序腋生，作下垂状，长 8 ～ 12cm，花红色，芳香，每年 5 月和 7 月开两次花，具有花朵大、花形美、花量多、花期长等特点。为园林绿化首推速生观赏树种，同时，也是水土保持、改善生态环境的极佳树种。蓟州区高速公路绿化带有栽植。

槐树 *Sophora japonica*

豆科 Leguminosae

又名国槐。落叶乔木，树高 15 ~ 25m，胸径 1.5m，树冠圆形。干皮暗灰色，皮孔明显；芽被青紫色。小叶 7 ~ 17 枚，卵形至卵状披针型，长 2.5 ~ 7.5cm，宽 1.5 ~ 5cm。圆锥花序顶生，萼钟状，有 5 小齿；花冠乳白色，旗瓣阔心形，有短爪，并有紫脉，翼瓣龙骨瓣边缘稍带紫色；雄蕊 10，不等长。荚果肉质，串珠状，长 2.5 ~ 5cm；种子 1 ~ 6 粒。花果期 8 ~ 12 月。蓟州区优良的乡土树种。

黄金槐 *Sophora japonica* 'Huangjin'

🔻 豆科 Leguminosae

又名金枝槐，槐树芽变品种。枝一年生为淡绿黄色，入冬后渐转黄色，二年生的枝为金黄色。树皮光滑。叶互生，由 6～16 片组成羽状复叶；叶椭圆形，长 2.5～5cm，光滑，淡黄绿色。树形自然开张，树态苍劲挺拔，树繁叶茂，主侧根系发达，是优良的园林绿化树种。蓟州区在小区、公路绿化带栽植较多。

蝴蝶槐 *Sophora japonica f. oligophylla*

▼ 豆科 Leguminosae

　　系槐树的变种，形似蝴蝶落于枝头，故而得名。小叶3～5枚簇生，顶生小叶常3裂，侧生小叶下部常有大裂片，叶背有毛。花期6～8月，花黄绿色。果期9～11月，果绿色。在石灰性、酸性及轻盐碱土上均可正常生长；耐烟尘，能适应城市街道环境，对二氧化硫、氯气、氯化氢均有较强的抗性。蓟州区多有栽培。

金叶槐 *Sophora japonica* var. *flavi-rameus*

豆科 Leguminosae

　　系槐树的变种，其小枝浅绿色。叶片金黄色，长 15 ～ 20cm，小叶 5 ～ 15 枚，长 2.5 ～ 7.5cm，宽 1.2cm，卵形或椭圆形，全缘。枝条生长到 50 ～ 80cm 时出现较强的下垂性。落叶后枝条呈半黄半绿，向阳面为黄色，阴面为绿色。蓟州区住宅小区、公园及庭院有栽植。

龙爪槐 *Sophora japonica* var. *pendula*

豆科 Leguminosae

　　乔木。小枝柔软下垂，树冠如伞，状态优美，枝条构成盘状，上部蟠曲如龙，老树奇特苍古。树势较弱，主侧枝差异性不明显，大枝弯曲扭转，小枝下垂，冠层可达 50 ~ 70cm 厚，层内小枝易干枯；枝条柔软下垂，其萌发力强，生长速度快。用槐树作砧木，嫁接繁殖。蓟州区在公园、休闲游乐园、机关庭院、学校等栽培较多。

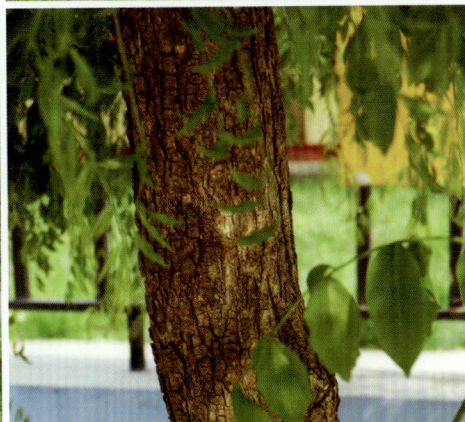

大叶垂榆 *Ulmus americana* 'Pendula'

榆科 Ulmaceae

　　又名垂枝榆。枝条下垂，株形似龙爪槐，叶形巨大，叶色葱绿，青翠欲滴，叶横径 15 ～ 18cm。植株成形快，当年生枝可达 1.5 ～ 2.5m。观赏价值极高，适应性强，凡在生长榆树的地方都能正常生长，是美化环境的优良树种之一。蓟州区在公园、街道、学校等处有栽培。

榔榆 *Ulmus parvifolia*

▼ 榆科 Ulmaceae

又名小叶榆。落叶乔木，树高达 25m，胸径 1m，树冠扁球形至卵圆形。树皮灰褐色，不规则薄鳞片状剥离。叶较小而质厚，长椭圆形至卵状椭圆形，长 2 ～ 5cm，先端尖，基部歪斜，缘具单锯齿。花簇生叶腋。翅果长椭圆形至卵形，长 0.8 ～ 1cm；种子位于翅果中央，无毛。花期 8 ～ 9 月，果 10 ～ 11 月成熟。蓟州区有栽植。

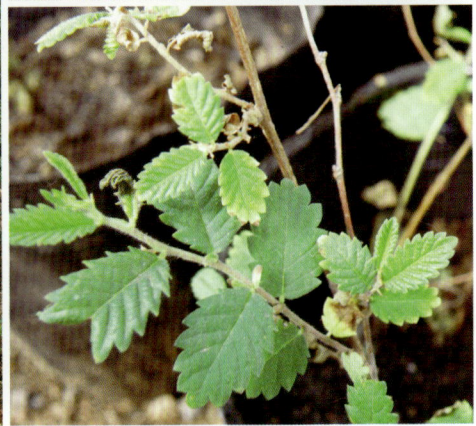

榆 *Ulmus pumila*

▼ 榆科 Ulmaceae

　　又名家榆。落叶乔木，树高达 25m，胸径 1m。幼树树皮平滑，灰褐色或浅灰色，大树之皮暗灰色，不规则深纵裂。冬芽近球形或卵圆形，芽鳞背面无毛。叶椭圆状卵形、长卵形、椭圆状披针形或卵状披针形，长 2～8cm，宽 1.2～3.5cm，叶面平滑无毛，边缘具重锯齿或单锯齿，侧脉每边 9～16 条，叶柄长 4～10mm。花先叶开放；翅果近圆形，果核部分位于翅果的中部；花果期 3～6 月。蓟州区有零星栽植。

金叶榆 *Ulmus pumila* 'Jinye'

🔽 榆科 Ulmaceae

叶片金黄，有自然光泽，叶脉清晰，叶卵圆形，平均长3～5cm，宽2～3cm，比普通白榆叶片稍短；叶缘具锯齿，叶尖渐尖，互生于枝条上。花期3～4月，果期4～5月。金叶榆对寒冷、干旱气候具有极强的适应性，其生长区域广泛，是彩叶树种中应用范围较广的一个园林绿化树种。蓟州区有栽培。

栾树 *Koelreuteria paniculata*

无患子科 Sapindaceae

又名灯笼树。落叶乔木，树高达 15m，树冠近圆球形。树皮灰褐色，细纵裂。奇数羽状复叶互生，小叶卵形或卵状椭圆形，近基部常有深裂片；叶片表面深绿色。6 ～ 7 月开花，金黄色，大型圆锥花序，长可达 30cm 左右，着生在枝条的顶端。蒴果，中空，外面有像纸一样的三片果皮包裹着，每片果皮三角形。果 8 ～ 9 月成熟。蓟州区有栽植。

文冠果 *Xanthoceras sorbifolia*

▼ 无患子科 Sapindaceae

落叶小乔木，树高 8m。树皮灰褐色，粗糙条裂；小枝幼时红褐色，后脱落；芽较小，侧生。叶互生，奇数羽状复叶，小叶 9 ~ 19 枚，对生或近对生，长椭圆形至披针形，长 3 ~ 5cm，基部楔形，边缘具锐锯齿。花杂性，径约 2cm，花盘裂片背面有一橙色角状附属物，雄蕊 8 枚，子房 3 室。蒴果椭球形，径 4 ~ 6cm，室背 3 瓣裂。种子球形，直径 1cm。花期 4 ~ 5 月，果 7 ~ 8 月成熟。蓟州区有栽植。

构树 *Broussonetia papyrifera*

桑科 Moraceae

落叶乔木，树高达 16m，树冠圆形或倒卵形。树皮平滑，浅灰色，不易裂，全株含乳汁；小枝密被丝状刚毛。单叶对生或轮生，叶阔卵形，长 8 ～ 20cm，宽 6 ～ 15cm，顶端锐尖，基部圆形或近心形，边缘有粗齿，3 ～ 5 深裂，两面有厚柔毛；叶柄长 3 ～ 5cm，密生绒毛，托叶卵状长圆形，早落。果球形，橙红色。花期 4 ～ 5 月，果 8 ～ 9 月成熟。蓟州区栽植较多。

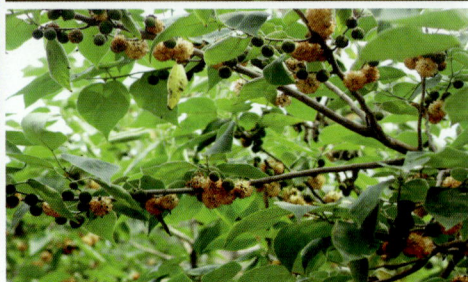

桑 *Morus alba*

桑科 Moraceae

　　落叶乔木，树高 10m，胸径可达 1m，树冠倒卵圆形。叶卵形或宽卵形，先端尖或渐短尖，基部圆或心形，锯齿粗钝；幼树之叶常有浅裂、深裂，上面无毛，下面沿叶脉疏生毛，脉腋簇生毛。花雌雄异株，聚花果（桑葚）紫黑色、淡红或白色，多汁味甜。花期 4 月，果 5～7 月成熟。蓟州区有栽植。

龙桑 *Morus alba* 'Tortuosa'

▽ 桑科 Moraceae

　　落叶乔木。树皮黄褐色，浅裂；枝条均呈龙游状扭曲，幼枝有毛或光滑。叶片卵形至卵圆形，大而具光亮；长 15～18cm，宽 4～8cm，叶柄 1～2.5cm；先端尖或钝，基部圆形或心脏形，边缘具粗锯齿或有时不规则分裂；表面无毛，背面脉上或脉腋有毛。花单生，雌雄异株，腋生穗状花系；花期 4 月。聚花果 5～6月成熟，黑紫色或白色。蓟州区有栽植。

丝棉木 *Euonymus maackii*

卫矛科 Celastraceae

名桃叶卫矛、白杜。落叶小乔木，树高 6～8m，树冠圆形或卵圆形。幼时树皮灰褐色，老树纵状沟裂；小枝细长，近四棱形；2 年生枝四棱，每边各有白线。叶对生，卵状至卵状椭圆形，先端长渐尖，基部近圆形，缘有细锯齿，叶柄细长 2～3.5cm。伞形花序，有花 3～7 朵。蒴果粉红色，4 裂片；种子淡黄色，上端有小圆口，稍露出种子。花期 5～6 月，果熟期 9～10 月。蓟州区栽植较多。

复叶槭 *Acer negundo*

▼ 槭树科 Aceraceae

又名羽叶槭。落叶乔木，树高达 20 m，树冠圆球形。小枝粗壮，绿色，有白粉。奇数羽状复叶对生，小叶 3 ～ 5，稀 7 ～ 9，卵形或长椭圆状披针形，缘有不规则缺刻；顶生小叶长 3 浅裂，叶柄长于侧生小叶之柄，叶背沿脉或脉腋有毛。花单性异株，无花瓣及花盘；雄花有长梗，成下垂簇生状；雌花为下垂总状花序。果翅狭长，展开成锐角。花期 3 ～ 4 月，叶前开放，果 8 ～ 9 月成熟。蓟州区有栽植。

金叶复叶槭 *Acer negundo* 'Aurea'

槭树科 Aceraceae

　　是复叶槭的栽培变种。羽状复叶很大，叶色柔和，春季呈金黄色，渐变为黄绿色。萌芽力强，生长非常旺盛，树形洒脱美观，年生长量可达 2～3m。病虫害少，绿化中可修剪为绿篱，具有较广的适生范围。蓟州区有栽植。

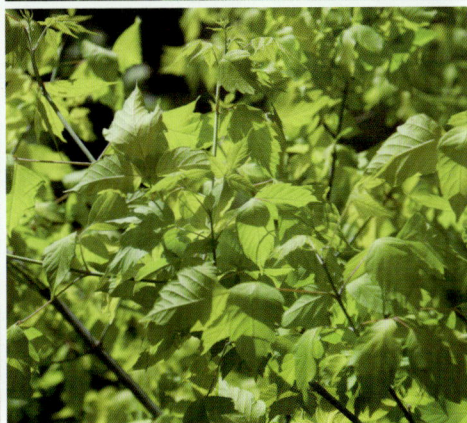

鸡爪槭 *Acer palmatum*

槭树科 Aceraceae

落叶小乔木，树高可达 8～13m，树冠伞形。树皮平滑，灰褐色；枝开张，小枝细长，光滑。叶掌状 5～9 深裂，径 5～10cm，基部心形，裂片卵状长椭圆形至披针形，先端锐尖，缘有重锯齿，背面脉腋有白簇毛。花杂性，紫色，径 6～8mm，萼背有白色长柔毛，伞房花序顶生，无毛。翅果无毛，两翅展开成钝角。花期 5 月，果 10 月成熟。蓟州区有栽植。

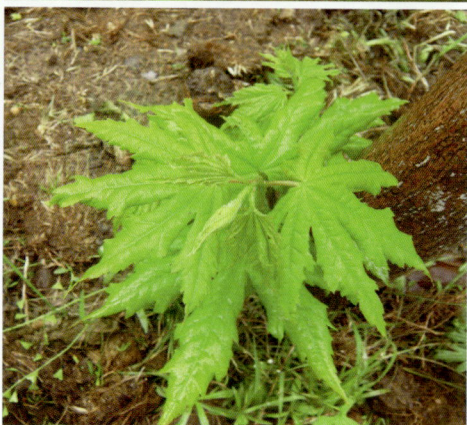

红枫 *Acer palmatum* 'Atropurpureum'

槭树科 Aceraceae

又名红叶羽毛枫。落叶乔木。枝条光滑细长，单叶 5 ~ 7 裂，掌状互生，叶片长椭圆形至披针形，叶缘有重锯齿，幼枝、叶柄、花柄都为红色。花紫色，伞状花序顶生，花期 5 月。翅果无毛，10 月成熟。蓟州区在庭院、公园、小区、公路两侧或草坪配置。

五角枫 *Acer pictum* subsp. *mono*

槭树科 Aceraceae

又名色木。落叶乔木，树高可达 20m。叶常掌状 5 裂，长 4 ~ 9cm，基部常为心形，裂片卵状三角形，全缘，两面无毛或仅背面脉腋有簇毛，网状脉两面明显隆起。花杂性，黄绿色，多朵成顶生伞房花序。果核扁平或微隆起，果翅展开成钝角，长约为果核的 2 倍。花期 4 月，果 9 ~ 10 月成熟。蓟州区公园、住宅小区及公路两侧绿化均有栽植。

紫叶挪威槭 *Acer platanoides* 'Crimson king'

▼ 槭树科 Aceraceae

　　落叶乔木，树高 10.5～12m，树高可达 24m，冠幅 7.5～9.0m，树形美观，接近卵圆形。树干笔直，枝叶较密。叶星形，对生，浅裂，叶缘锯齿状，叶脉手掌状，叶片长 10～20cm；叶片春、夏季为深紫铜色，秋季变紫红色。4 月开花，花朵淡红色、栗黄色或绿色，花茎红色。翼果长 2.5～5cm，夏季成熟，结果期 9～10 月。蓟州区有栽植。

元宝枫 *Acer truncatum*

🟢 槭树科 Aceraceae

　　别名平基槭。落叶乔木，树高 8 ～ 10m ，树冠伞形或倒广卵形。干皮灰黄色，树皮纵裂，浅纵裂；小枝浅土黄色。叶掌状五裂，长 5 ～ 10cm，叶基通常截形，两面均无毛，叶柄细长 3 ～ 5cm。花黄绿色，径约 1cm，多成顶生伞房花序。翅果为扁平，两翅展开约成直角。花期 5 月，果期 9 月。蓟州区有广泛栽植。

流苏树 *Chionanthus retusus*

木犀科 Oleaceae

又名茶叶树、乌金子。落叶乔木，树高可达 20m。小枝灰褐色或黑灰色，圆柱形，幼枝淡黄色或褐色。叶片革质或薄革质，长圆形、椭圆形或圆形，长 3 ～ 10cm，基部圆或宽楔形，叶柄基部带紫色。花白色，4 裂片狭长，长 1 ～ 2cm，花冠筒极短。核果卵圆形，长 1 ～ 1.5cm。花期 4 ～ 5 月。蓟州区山区有散生植株。

美国白蜡 *Fraxinus americana*

▼ 木犀科 Oleaceae

外形亮丽，树势雄伟，冠幅达 12m。小枝圆形，粗壮。奇数羽状复叶，小叶 7 枚，叶片卵形或卵状披针形，表面暗绿色，有光泽；秋季叶片紫红，鲜艳夺目。树干通直，枝叶繁茂，叶色深绿而有光泽，秋叶紫红，是蓟州区园林绿化的优良树种。

白蜡树 *Fraxinus chinensis*

▼ 木犀科 Oleaceae

　　又名白荆树。落叶乔木，树高达 15m，树冠卵圆形。树皮黄褐色，小枝光滑无毛。奇数羽状复叶，对生，小叶 5～9 枚，卵圆形或卵状披针形，长 3～10cm，缘有齿及波状齿，表面无毛，背面沿脉有短柔毛。圆锥花序侧生或顶生于当年生枝上，大而疏松；椭圆花序顶生及侧生，下垂，夏季开花，花萼钟状，无花瓣。翅果倒披针形，长 3～4cm。花期 3～5 月，果 10 月成熟。是蓟州区园林绿化的优良树种。

金叶白蜡 *Fraxinus chinensis* cv.

木犀科 Oleaceae

落叶乔木，三季叶片金黄，树高 10 ～ 15m，树皮淡黄褐色。小枝光滑无毛，小叶 5 ～ 9 枚，卵状椭圆形，尖端渐尖，基部狭，不对称，缘有齿及波状齿，表面无毛。花萼钟状，无花瓣；花期 3 ～ 5 月。耐干旱、耐瘠薄、耐盐碱、耐酸性土壤、耐寒，能耐 −40℃ 低温，可适应各种土壤。蓟州区有栽培。

绒毛白蜡 *Fraxinus velutina*

木犀科 Oleaceae

又名津白蜡。落叶乔木，树高可达 18m。小枝密被短柔毛，树皮暗灰色光滑，雌雄异株。花杂性，圆锥花序侧生于上年枝上，先开花后展叶。5 月开花，9～10 月果实成熟。绒毛白蜡具有枝繁叶茂、树体高大、对城市环境适应性强的特点，蓟州区行道树大部分选用。

园蜡2号 *Fraxinus velutina* 'Yuanla'

木犀科 Oleaceae

大树树皮褐绿色，光滑有浅线，树干通直，树冠圆满，小枝短粗稀壮。2～3年生苗木主干青绿色，树皮光滑，细腻；当年生枝条浅绿色，每枚复叶有小叶5枚，叶狭椭圆形，长5～7cm，宽3～4cm，小叶几乎无柄，叶上部有浅锯齿，叶面光滑。是蓟州区造林绿化的先锋树种。

暴马丁香 *Syringa reticulata*

木犀科 Oleaceae

  又名暴马子、阿穆尔丁香。落叶小乔木，树高约8m。树皮紫灰色或紫灰黑色，具细裂纹，常不开裂；枝条带紫色，有光泽，皮孔灰白色，常2～4个横向连接。单叶对生，叶片多卵形或广卵形，长5～10cm，先端突尖或短渐尖，基部通常圆形，叶柄长1～2.2cm。圆锥花序长10～15cm，花冠白色，花丝细长。蒴果长圆形，先端钝，长1.5～2cm。花期6月，果熟期9月。蓟州区栽培较多。

水杉 *Metasequoia glyptostroboides*

杉科 Taxodiaceae

又名活化石、梳子杉。落叶乔木，树高可达35m，胸径可达2.5m。树皮灰色或灰褐色，浅裂成狭长条脱落，内皮淡紫褐色；大枝近轮生，小枝对生，枝的表皮层常成片状剥落，侧生短枝长4～10cm。叶扁平条形，冬季与侧生无芽的小枝一起脱落。雌雄同株，雄球花单生叶腋，雌球花单生或对生，珠鳞交互对生。球果下垂，近球形，种鳞木质，盾形。花期2月下旬，球果11月成熟。蓟州区有栽植。

臭椿 *Ailanthus altissima*
▼ 苦木科 Simaroubaceae

　　又名椿树。落叶乔木，树高达 30m。小枝粗壮，缺顶芽；叶痕大而倒卵形，奇数羽状复叶互生；小叶 6 ～ 20 对，全缘或基部边缘具 1 ～ 4 对锯齿，锯齿背面常有腺体，叶基部形成离层。花小，杂性，多半绿色或紫绿色，具柄，2 ～ 3 成簇，形成顶生或腋生的大圆锥花序。枝果长 3 ～ 5cm，熟时淡褐黄色或淡红褐色。花期 4 ～ 5 月，果 9 ～ 10 月成熟。蓟州区有广泛栽植。

红叶椿 *Ailanthus altissima* 'Hongye'
▼ 苦木科 Simaroubaceae

又名红叶臭椿。落叶乔木，树干通直高大，树皮光，树冠宽卵形或半球形。单数复叶互生，树叶卵状披针形，长 7 ~ 15cm。叶色美丽，自春季展叶至 7 月新梢均为红色，秋季整株树叶色变为红色，季相变化明显。因其叶色红艳，持续期长，又兼备树体高大，树姿优美，抗逆性强、适应性广以及生长较快等优点，在蓟州区发展很快。

千头椿 *Ailanthus altissima* 'Qiantou'

▽ 苦木科 Simaroubaceae

　　臭椿的变种。落叶乔木，树高 20 ～ 30m，树冠圆球形。树皮灰褐色，分枝多而密，开张角度小。奇数羽状复叶互生，小叶13 ～ 25 枚，卵状披斜形至椭圆状披针形，全缘。圆锥花序顶生，翅果扁平，褐黄色，幼时稍带红晕。枝叶繁茂，树干通直，树冠圆整，树姿美观，是蓟州区优良的观赏树种。

香椿 *Toona sinensis*
楝科 Meliaceae

　　落叶乔木，树高达 25m。树皮粗糙，深褐色，片状脱落；小枝粗壮，叶痕大，扁圆形，内有 5 微管束痕。偶数羽状复叶，小叶 10 ～ 20 对，长椭圆形至广披针形，叶端锐尖，长 10 ～ 12cm，基部不对称，全缘或不明显钝锯齿；幼叶紫红色，成年叶绿色，叶背红棕色，轻被蜡质。花白色，有香气，子房、花盘均无毛。蒴果长椭球形；种子一端有膜质长翅。花期 5 ～ 6 月，果 9 ～ 10 月成熟。蓟州区多有栽植。

英桐 *Platanus acerifolia*

▼ 悬铃木科 Platanaceae

又名二球悬铃木、英国梧桐。落叶大乔木，树高达35m，枝条开展，树冠广阔，呈长椭圆形。树皮灰绿或灰白色，片状，剥落后呈粉绿。单叶互生，叶大，掌状5～9裂，边缘有不规则尖齿和波状齿，基部截形或近心脏形，幼时密生星状柔毛，后脱落。花期4～5月，头状花序球形。球果下垂，通常2球一串，状如悬挂着的铃，9～10月果熟，坚果基部有长毛。蓟州区普遍用于绿化。

美桐 *Platanus occidentalis*

悬铃木科 Platanaceae

又名一球悬铃木、美国梧桐。高大乔木，树高达 40 ~ 50m，树皮乳白色。叶大，阔卵形，通常 3 ~ 5 浅裂，宽 10 ~ 22cm，边缘有数个粗大锯齿；叶柄长 4 ~ 7cm，托叶较大，长 2 ~ 3cm，基部鞘状。花 4 ~ 6 枚，单性，成球形头状花序；雄花的萼片及花瓣均短小；雌花基部有长绒毛。果序球形，直径约 3cm，宿存花柱短；花期 5 月，果期 9 ~ 10 月。蓟州区普遍栽培。

法桐 *Platanus orientalis*

▼ 悬铃木科 Platanaceae

  又名三球悬铃木、法国梧桐。大乔木，树高20～30m，树冠阔钟形。干皮灰褐绿色至灰白色，呈薄片状剥落。幼枝、幼叶密生褐色星状毛；叶掌状5～7裂，深裂达中部，裂片长大于宽，叶基阔楔形或截形，叶缘有齿牙，掌状脉，托叶圆领状。花序头状，黄绿色。多数坚果聚合呈球形，3～6球成一串，宿存花柱长，呈次毛状，果柄长而下垂。花期4～5月，果9～10月成熟。蓟州区栽培较多。

兰考泡桐 *Paulownia elongata*

玄参科 Scrophulariaceae

　　落叶乔木，树干通直，树高达 20m，胸径约 1m，树冠宽圆锥形。小枝褐色，有突起的皮孔。叶片通常卵状心脏形，顶端渐狭长，基部心形或近圆形。花序金字塔形，聚伞花序，稀有单花；萼倒圆锥形，基部渐狭，分裂，管部的毛易脱落，花冠漏斗状钟形。蒴果卵形，稀卵状椭圆形，有星状绒毛，宿萼蝶状，顶端有喙。种子有翅，连翅长 5 ~ 6mm。花期 4 ~ 5 月，果期 10 月。蓟州区栽植较多。

毛泡桐 *Paulownia tomentosa*

玄参科 Scrophulariaceae

又名紫花泡桐。落叶乔木，树高达 15m，树冠宽大圆形。树皮褐灰色；小枝有明显皮孔，有白色斑点。叶阔卵形或卵形，长 20～29cm，宽 15～28cm，表面被长柔毛、腺毛及分支毛，背面密被具柄的白色树枝状毛。花蕾近圆形，密被黄色毛，花萼浅钟状，花冠漏斗状钟形，鲜紫色或蓝紫色，长 5～7cm。蒴果卵圆形，长 3～4cm，宿萼不反卷。花期 5～6 月，果期 8～9 月成熟。蓟州区有栽植。

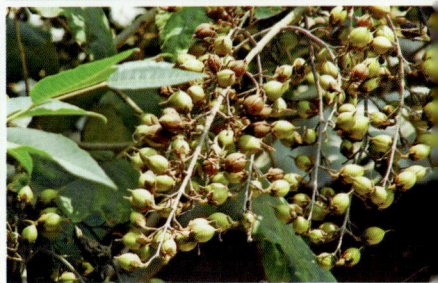

梧桐 *Firmiana platanifolia*

梧桐科 Sterculiaceae

又名青桐。落叶乔木，树高 15 ~ 20m，树冠卵圆形。树干端直；树皮灰绿色，侧枝每年阶状轮生，小枝粗壮，翠绿色。叶掌状 3 ~ 5 裂，叶长 15 ~ 20cm，基部心形，裂片全缘，先端渐尖，表面光滑，背面有星状毛，叶柄约与叶片等长。圆锥花序顶生，长 20 ~ 50cm，花萼裂片条形，长约 1cm，淡黄绿色；花后心皮分离成 5 蓇葖果，种子棕黄色。花期 6 ~ 7 月，果 9 ~ 10 月成熟。蓟州区用其作行道树。

七叶树 *Aesculus chinensis*

七叶树科 Hippocastanaceae

又名梭椤树。落叶乔木，树高达 25m。树皮深褐色或灰褐色，片状剥落；小枝粗壮，栗褐色；冬芽大，有树脂。掌状复叶，由 5～7 小叶组成，小叶柄长 5～17mm。花小，花瓣 4，不等大，白色；成直立密集圆锥花序，近圆柱形。蒴果球形或倒卵形，黄褐色，内含 1 或 2 粒种子。花期 5 月，果 9～10 月成熟。蓟州区有栽植。

灯台树 *Bothrocaryum controversum*
山茱萸科 Cornaceae

又名女儿木、瑞木。落叶乔木，高达 20m。树皮暗灰色，老时浅纵裂；树枝层层平展，宛若灯台，暗紫红色。叶互生，簇生于枝梢，广卵圆形，长 6～13cm，叶端突渐尖，叶基圆形，侧脉 6～8 对，叶表深绿，叶背灰绿色，疏生贴伏短柔毛，叶柄长2～6.5cm。伞房状聚伞花序生于新枝顶端，花小，白色。核果近球形，径 6～7mm，熟时由紫红变紫黑色。花期 5～6 月，果期 9～10 月成熟。蓟州区有栽植。

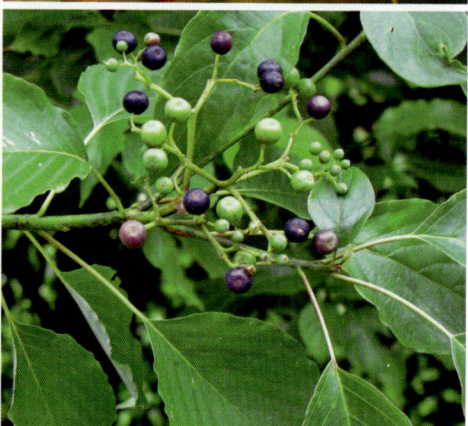

白桦 *Betula platyphylla*

桦木科 Betulaceae

　　又名桦树、桦皮树。落叶乔木，树高达 27m，树冠卵圆形。树皮白色，纸状分层剥离，皮孔黄色；小枝细，红褐色，无毛，外被白色蜡层。叶三角状卵形或菱状卵形，基部广楔形，边缘具重锯齿，侧脉 5～8 对，背面疏生油腺点，无毛或脉腋有毛；叶柄细瘦，长 1～2.5cm，无毛。果序单生，下垂，圆柱形；坚果小而扁，两侧具宽翅。花期 5～6 月，果熟期 8～10 月。蓟州区有栽植。

杜仲 *Eucommia ulmoides*

杜仲科 Eucommiaceae

落叶乔木,树高达 20m,树冠圆球形。小枝光滑,无顶芽。叶椭圆形或卵形,长 7 ～ 15cm,宽 3.5 ～ 6.5cm,先端渐尖,基部广楔形,边缘有锯齿,幼叶疏被柔毛,老叶上面光滑;叶柄长 1 ～ 2cm。花单性,雌雄异株,与叶同时开放,或先叶开放;雄花有雄蕊 6 ～ 10 枚,雌花有一裸露而延长的子房,子房 1 室,顶端有二叉状花柱。翅果卵状长椭圆形而扁,内有种子 1 粒。花期 4 ～ 5 月,果期 10 ～ 11 月成熟。蓟州区多有栽植。

楸树 *Catalpa bungei*

▼ 紫葳科 Bignoniaceae

又名梓桐。落叶乔木，树高可达 30m，树干耸直，主枝开阔伸展。树皮灰褐色，浅细纵裂，老年树干上具瘤状突起；小枝灰绿色。叶片三角状卵形，长 6～16cm，顶端尾尖，全缘，两面无毛，背面脉腋有紫色腺斑。总状花序伞房状排列，萼片顶端2尖裂；花冠浅粉色，长 2～3.5cm，内面有紫红色斑点。蒴果线形，长 25～45cm；种子扁平，两端具生长毛。花期 5～6 月，果期 6～10 月。蓟州区有栽植。

梓树 *Catalpa ovata*

紫葳科 Bignoniaceae

落叶乔木，树高 10 ～ 20m，树冠伞形。树皮灰褐色纵裂。叶广卵形或近圆形，长 10 ～ 30cm，通常 3 ～ 5 浅裂，有毛，背面基部脉腋有紫斑；主干通直平滑，呈暗灰色或者灰褐色，嫩枝具稀疏柔毛。圆锥花序顶生，长 10 ～ 18cm；花萼绿色或紫色，花冠淡黄色，长约 2cm，内面有黄色条纹及紫色斑纹。蒴果细长如筷，长 20 ～ 30cm；种子长椭圆形。花期 6 ～ 7 月，果期 8 ～ 10 月。蓟州区有较多栽植。

槲栎 *Quercus aliena*

壳斗科 Fagaceae

　　又名菠萝叶。落叶乔木，树高达 25m，树冠椭圆形。树皮暗灰色，宽纵裂，小枝粗壮，具沟槽并密生黄灰色星状绒毛。叶片倒卵形，长 15 ～ 25cm，叶先端钝圆或钝尖，基部耳形或楔形，叶缘有 4 ～ 10 对波状缺裂，幼叶有毛，侧脉 8 ～ 10 对，背面灰绿色，有星状毛，叶柄极短，长仅 2 ～ 5mm，密被绒毛。坚果总苞之鳞片披针形。花期 4 ～ 5 月，果熟 9 ～ 10 月。蓟州区绿化常与其他植物配置栽培。

蒙古栎 *Quecus mongolica*

壳斗科 Fagaceae

又名柞栎。落叶乔木，树高可达 30m，胸径达 60cm，树冠卵圆形。树皮暗灰色，深纵裂；小枝粗壮，栗褐色，无毛，幼枝具棱。叶常集生枝端，倒卵形或倒卵状长椭圆形，长 7 ~ 20cm，先端短钝或短凸尖，基部窄圆或近耳形，叶缘具深波状缺刻，侧脉 8 ~ 15 对，仅背面脉上有毛；叶柄短，仅 0.2 ~ 0.5cm，疏生绒毛。坚果卵形，总苞浅碗状，鳞片呈瘤状。花期 5 ~ 6 月，果 9 ~ 10 月成熟。蓟州区有栽植。

栓皮栎 *Quercus variabilis*

▼ 壳斗科 Fagaceae

又名软木栎。落叶乔木，树高达 25m，胸径 1m，树冠广卵形。树干多灰褐色，深纵裂，木栓层特厚；小枝淡褐色，冬芽圆锥形。叶长椭圆状披针形，长 8 ~ 15cm，先端渐尖，基部楔形，缘有芒状锯齿，背面被灰白色星状毛。雄花序生于当年生枝下部，雌花单生或双生与当年生枝叶腋；总苞杯状，鳞片反卷，有毛。坚果卵球形或椭圆形。花期 5 月；果翌年 9 ~ 10 月成熟。蓟州区山区已形成栓皮栎群落。

黄栌 *Cotinus coggygria*

▽ 漆树科 Anacardiaceae

　　落叶小乔木，树高 5 ～ 8m，树冠圆形。树皮暗灰褐色，小枝粗壮，紫褐色，密生长绒毛。单叶互生，倒卵形或卵圆形，长 3 ～ 8cm，宽 2.5 ～ 6cm，先端圆形或微凸，基部圆形或阔楔形，全缘，两面或尤其叶背显著被灰色柔毛，侧脉顶端常二叉状；叶柄细长，1 ～ 4cm。花小，杂性，黄绿色，径约 3mm。果序长 5 ～ 20cm，核果肾形，径 3 ～ 4mm。花期 4 ～ 5 月，果 6 ～ 7 月成熟。蓟州区已形成规模化栽植。

紫叶黄栌 *Cotinus coggygria* var. *purpurens*

▼ 漆树科 Anacardiaceae

　　黄栌的栽培变种，落叶小乔木，株高 5m 左右，树冠近圆形。小枝赤褐色。叶片互生，紫色，带有紫红色反光，卵形或倒卵形，叶背无毛，全缘，长约 7cm。圆锥花序顶生，紫红色。在蓟州区居民小区、机关庭院有栽植。

火炬树 *Rhus typhina*

🌱 漆树科 Anacardiaceae

　　落叶小乔木，树高达 12m。分枝少，小枝粗壮，密生灰色茸毛。奇数羽状复叶，小叶 19 ～ 23 片，长椭圆状至披针形，长 5 ～ 13cm，缘有锯齿，先端长渐尖，基部圆形或宽楔形，上面深绿色，下面苍白色，两面有茸毛，老时脱落，叶轴无翅。圆锥花序顶生，密生茸毛。花柱宿存，密集成火炬形；核果深红色，密生绒毛。花期 6 ～ 7 月，果 8 ～ 9 月成熟。蓟州区多有栽植。

山桃 *Amygdalus davidiana*

▼ 蔷薇科 Rosaceae

又名花桃。落叶小乔木，树高可达 10m。树冠开展，树皮暗紫色，光滑；小枝细长，直立。芽密被灰色绒毛，叶片卵状披针形，长 7 ~ 15cm，先端渐尖，基部阔楔形，叶边具细锐锯齿；叶柄长 1 ~ 1.5cm，常具腺体。花单生，直径 2 ~ 3cm，粉红色；花瓣倒卵形或近圆形，长 10 ~ 15mm，粉红色。果实近球形，直径 5 ~ 7cm，核球形或近球形，与果肉分离。花期 3 ~ 4 月，果期 7 ~ 8 月。蓟州区广泛栽植。

紫叶碧桃 *Amygdalus persica var. persica f. atropurpurea*

▼ 蔷薇科 Rosaceae

又名红叶碧桃。果桃的变型品种。落叶小乔木，整株紫色，自然生长高达 8m。小叶红褐色长椭圆形，叶长 8 ~ 15cm，叶末端渐尖。花单生或双生于叶腋间，重瓣花朵粉红色。生长迅速，抗病能力强，是优良的彩叶观赏树种，在园林绿化中起到调色效果。蓟州区广为栽植。

碧桃 *Amygdalus persica* var. *persica* f. *duplex*

▽蔷薇科 Rosaceae

又名千叶桃花。果桃的变型品种，花类的重瓣品种统称为碧桃，品种很多，如白碧桃、红碧桃、两色碧桃、寿星碧桃等。小乔木，树高可达 8m，一般整形后控制在 3～4m。小枝红褐色，无毛。叶椭圆状披针形，长 7～15cm，先端渐尖，叶缘具粗锯齿。花芽腋生，先开花后展叶，花单生，花梗极短。蓟州区绿化带栽植很多。

山杏 *Armeniaca sibirica*

▼ 蔷薇科 Rosaceae

落叶小乔木，树高可达 8m。枝、芽、树皮各部像杏树，但小枝多刺状。枝条灰褐色或红褐色，无毛。单叶互生，卵圆形，边缘具细锯齿，前端渐尖；基部楔形，长 4～5cm。花多两朵生于一芽，花芽为纯长芽，单生，先叶开放，色稍带粉色，花径 3cm；花萼 5 裂，花瓣 5，粉白色。核果，两侧多少扁平，成熟时为黄色或橙黄色；果肉较薄，味酸涩，种仁味苦。花期 3～4月，果期 6～7月。蓟州区造林栽植较多。

东京樱花 *Cerasus yedoensis*

蔷薇科 Rosaceae

又名日本樱花、江户樱花。 落叶乔木，树高可达 16m。树皮暗褐色，平滑；小枝幼时有毛。叶卵状椭圆形至倒卵形，长 5～12cm，叶端急渐尖，叶基圆形至广楔形，叶缘有细尖重锯齿，叶背脉上及叶柄有柔毛。花白色至淡粉红色，径 2～3cm，常为单瓣，微香；萼筒管状有毛；花梗长约 2cm，有短柔毛；3～6 朵排成短总状花序。核果，近球形，径约 1cm，黑色。花期 4 月。蓟州区有栽植。

山楂 *Crataegus pinnatifida*

▼ 蔷薇科 Rosaceae

又名山里红。落叶小乔木，树高达 6m。叶三角状卵形至菱状卵形，长 5 ~ 12cm，羽状 5 ~ 9 裂，裂缘有不规则尖锐锯齿，两面沿脉疏生短柔毛，叶柄细，长 2 ~ 6cm；托叶大而有齿。花白色，径约 1.8cm，雄蕊 20；伞房花序有长柔毛。果近球形或梨形，径约 1.5cm，红色，有白色皮孔。花期 5 ~ 6 月，果 10 月成熟。蓟州区有栽植。

垂丝海棠 *Malus halliana*

蔷薇科 Rosaceae

　　小乔木，树高达 5m，树冠疏散。枝开展，小枝细弱，微弯曲。冬芽卵形，先端渐尖。叶片卵形或椭圆形至长椭卵形，长 3.5～8cm，先端长渐尖，基部楔形至近圆形，边缘有圆钝细锯齿；叶柄及中肋常带紫红色。花 4～7 朵簇生于小枝端，径 3～3.5cm；花梗细长下垂，紫色，花序中常有 1～2 两朵花无雌蕊。果倒卵形，径 6～8mm，紫色。花期 4 月，果熟期 9～10 月。蓟州区公园、居民小区有栽植。

八棱海棠 *Malus robusta*

蔷薇科 Rosaceae

  又名怀来海棠，系西府海棠种。果呈扁平形，四周有明显的八道棱凸起。本种根系发达、树体强健、抗寒、抗旱、抗涝、抗盐碱、抗病虫、耐瘠薄、耐水湿，适宜各种土质生长。嫁接亲和力强、生长迅速、幼苗嫁接成活率高，能在含盐量为 0.5% 的土壤中正常生长。蓟州区有较多栽植。

海棠花 *Malus spectabilis*

▼ 蔷薇科 Rosaceae

又名梨花海棠。落叶小乔木，树皮灰褐色，光滑。叶互生，椭圆形至长椭圆形，先端略为渐尖，基部楔形，边缘有平钝齿，表面深绿色而有光泽，背面灰绿色并有短柔毛，叶柄细长，基部有两个披针形托叶。花5～7朵簇生，伞形总状花序，未开时红色，开后渐变为粉红色，多为半重瓣，少有单瓣花。梨果球形，黄绿色。蓟州区有栽植。

西府海棠 *Malus × micromalus*

蔷薇科 Rosaceae

  又名小果海棠。落叶小乔木，树态峭立，树高可达 8m。小枝紫褐色或暗褐色，叶片椭圆形至长椭圆形，长 5～10cm，先端渐尖，基部广楔形，锯齿尖细，幼时两面被柔毛，不久脱落无毛。叶质硬实，表面有光泽；叶柄细长，2～3cm。花序近伞形，具花 5～8 朵；花梗细长 2～3cm，花直径 4～5cm。果红色，径 1～1.5cm。花期 4 月，果熟期 8～9 月。蓟州区栽培较多。

北美海棠 *Malus micromalus* 'American'

蔷薇科 Rosaceae

落叶小乔木，树高 5 ~ 7m，呈圆丘状，或整株直立呈垂枝状。分枝多变，互生直立悬垂等无弯曲枝；树干颜色为新干棕红色，黄绿色，老干灰棕色，有光泽，观赏性高。花基部合生，花色为白色、粉色、红色、鲜红，花序分伞状或伞房状花序的总状花序，多有香气。肉质梨果，带有脱落型或不脱落型的花萼，果实观赏期达 6 ~ 10 个月。蓟州区栽植品种有亚当、王族、绚丽、红宝石海棠。

紫叶稠李 *Padus virginiana* 'Canada Red'

蔷薇科 Rosaceae

又名加拿大红樱。落叶乔木，树高 8～10m；小枝光滑，短枝开花，花序长 4～6cm，果实紫红色光亮，果核褐色，初生叶为绿色，进入 5 月后随着温度升高，逐渐转为紫红绿色至紫红色，秋后变成红色，成为变色树种。从春天的粉红色初芽到展叶后绿色的枝叶，从夏季的初红到夏季紫红色的树冠，其叶色变化丰富。蓟州区公园、小区景观绿化中有栽培。

美人梅 *Prunus blireana* 'Meiren'

▼ 蔷薇科 Rosaceae

　　落叶小乔木。叶片卵圆形，长 5 ～ 9cm，紫红色，卵状椭圆形。花粉红色，着花繁密，1 ～ 2 朵着生于长、中及短花枝上，先花后叶，花色浅紫，重瓣花，萼筒宽钟状，萼片 5 枚，近圆形至扁圆，花瓣 15 ～ 17 枚，小瓣 5 ～ 6 梅，花梗 1.5cm，雄蕊多数，花期 3 ～ 4 月中旬。蓟州区有栽植。

紫叶李 *Prunus ceraifera* f. *atropurpurea*

▼ 蔷薇科 Rosaceae

又名红叶李、樱桃李。落叶小乔木，树高达 8m，树皮紫灰色，小枝淡红褐色，整株树干光滑无毛。单叶互生，叶卵圆形至倒卵形，长 3 ~ 4.5cm，先端短尖，基部圆形，缘具尖细锯齿，羽状脉 5 ~ 8 对，两面无毛或背面脉腋有毛，色暗绿或紫红，叶柄光滑多无腺体。花单生或 2 朵簇生，淡粉红色，径约 2.5cm，花梗长 1.5 ~ 2cm。花期 4 ~ 5 月。果球形，暗酒红色，常早落。蓟州区广泛栽植。

杜梨 *Pyrus betulifolia*

▼ 蔷薇科 Rosaceae

　　落叶乔木，树高达 10m。小枝常棘刺状，幼时密生灰白色绒毛；叶菱状卵形或长卵形，长 4 ~ 8cm，缘有粗尖齿，幼叶两面具灰白绒毛，老则仅背面有毛。花白色，径 1.5 ~ 2cm，花柱 2 ~ 3，花梗长 2 ~ 2.5cm。果实小，近球形，径约 1cm，褐色。花期 4 月下旬 ~ 5 月上旬，果熟期 8 ~ 9 月。蓟州区有栽植。

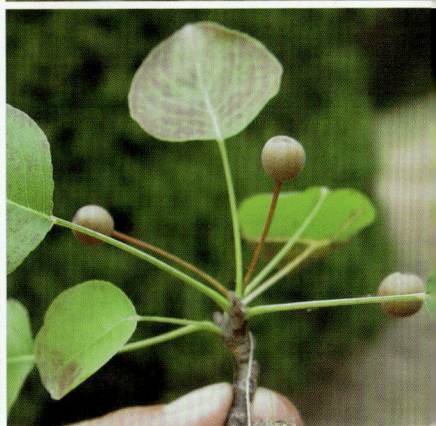

花楸树 *Sorbus pohuashanensis*

薔薇科 Rosaceae

又名马加木、红果臭山槐。落叶乔木，树高达 10m。小枝粗壮，圆柱形，灰褐色。奇数羽状复叶，小叶片 5～7 对，间隔 1～2.5cm，卵状披针形或椭圆披针形，缘有细锐锯齿；侧脉 9～16 对，在叶边稍弯曲，下面中脉显著突起。复伞房花序具多数密集花朵，花直径 6～8mm；雄蕊 20 个，与花瓣等长；花柱 3 个，基部具短柔毛，较雄蕊短。果实近球形，直径 6～8mm。花期 6 月，果期 9～10 月。蓟州区有栽植。

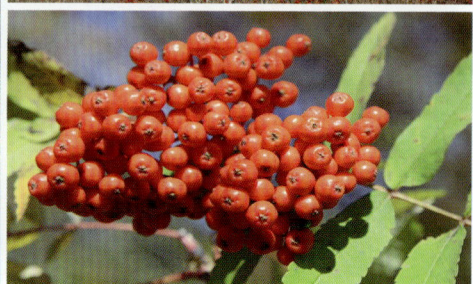

鹅掌楸 *Liriodendron chinensis*

木兰科 Rosaceae

又名马褂木。落叶乔木，树高达 40m，胸径 1m 以上，树冠圆锥状。1 年生枝灰色或灰褐色。叶互生，长 6 ~ 22cm，宽 5 ~ 19cm，叶柄长 4 ~ 8cm。花单生枝顶，花被片 9 枚，外轮 3 片萼状，内二轮花瓣状黄绿色，基部有黄色条纹；花瓣长 ~ 4cm，花丝短，约 0.5cm。聚合果纺锤形，长 7 ~ 9cm，小坚果有翅，先端钝或钝尖。花期 5 ~ 6 月，果熟期 10 月。蓟州区有栽植。

望春玉兰 *Magnolia biondii*

木兰科 Magnoliaceae

　　又名望春花、迎春树。落叶乔木，树高 6 ～ 12m，树皮灰色或暗绿色。芽卵形，密被淡黄色柔毛。叶互生，长圆状披针形或卵状披针形；叶柄长 1 ～ 2cm。花先叶开放，直径 6 ～ 8cm；萼片 3 枚，近线形，长约为花瓣的 1/4；花瓣 6，长 4 ～ 5cm，宽 1.3 ～ 1.8cm；雄蕊多数，花丝肥厚。果实为蓇葖果，合生成圆柱形聚合果，长 8 ～ 13cm。种子 1 ～ 2 枚。花期 3 月，果期 9 月。蓟州区有栽植。

黄玉兰 *Magnolia champaca*

木兰科 Magnoliaceae

又名吉祥树、黄缅兰。落叶灌木，树高 1.5m，呈波形。托叶痕达叶柄中部以上。花单生叶腋，酪黄色，极芳香。生长环境阳性至半阴性，土壤为一般的园土即可，排水良好，不须修剪。南北都可栽种，花期迟，无须担心早春霜冻的危害。本种枝干挺拔，叶片青翠，花朵金黄，香味芬芳，是蓟州区珍贵的观赏植物。

白玉兰 *Magnolia denudata*

木兰科 Magnoliaceae

树高达 15m，树冠幼时狭卵形，成熟大树则呈宽卵形或松散广卵形。幼时树皮灰白色，平滑少裂，老时则呈深灰色，粗糙开裂；小枝灰褐色，幼枝及芽均有毛。叶片单叶互生，有时呈螺旋状，倒卵状长椭圆形，长 10 ~ 15cm，先端突尖而短钝，基部广楔形，幼时背面有毛。花顶生，花径 12 ~ 15cm，纯白色，花萼、花瓣相似。花 3 ~ 4 月，叶前开放，花期 8 ~ 10 天；果 9 ~ 10 月成熟。蓟州区栽植较多。

紫玉兰 *Magnolia liliflora*

木兰科 Magnoliaceae

  又名木兰、辛夷。落叶灌木，树高 3 ~ 5m。大枝近直伸；小枝紫褐色，无毛；树皮灰褐色。叶椭圆形或倒卵状长椭圆形，长 8 ~ 18cm，先端急尖或渐尖，基部楔形，背面脉上有毛。花大，花瓣 6 枚，外面紫色，内面近白色；萼片 3 枚，黄绿色，披针形，长约为花瓣 1/3，早落。果柄无毛，花 3 ~ 4 月，叶前开放，果熟期 9 ~ 10 月。蓟州区广为栽培。

二乔玉兰 *Magnolia × soulangeana*

▼ 木兰科 Rosaceae

又名朱砂玉兰。落叶小乔木，树高 7 ~ 9m。小枝紫褐色。叶倒卵形至卵状长椭圆形，叶前开花。花芽窄卵形，密被灰黄绿色长绢毛，花大、呈钟状，外面淡紫色，里面白色，有芳香，萼片 3，花瓣状，但长仅达其半，亦有呈小形而绿色者；聚合蓇葖果长约 8cm，卵形或倒卵形，熟时黑色，具白色皮孔。花期 4 月，果期 9 月。蓟州区多有栽培。

紫薇 *Lagerstroemia indica*

千屈菜科 Lythraceae

又名痒痒树、百日红。落叶乔木，树高可达 7m，树冠不整齐，枝干多扭曲。树皮淡褐色，呈长薄片状，剥落后干特别光滑。小枝四棱，单叶对生或近对生，长 3～7cm。圆锥花序着生于当年生枝端，呈白、红、紫等色，直径 3～4cm，花瓣 6 枚；萼外光滑，无纵棱。蒴果近球形，径约 1.2cm，6 瓣裂，基部具宿存花萼。花期 6～9 月，果熟期 10～11 月。蓟州区多有栽植。

海州常山 *Clerodendrum trichotomum*

▼马鞭草科 Verbenaceae

又名臭梧桐。小乔木，树高达 8m。叶阔卵形至三角状卵形，长 5 ~ 16cm，端渐尖，基多截形，全缘或有波状齿，全面疏生短柔毛或近无毛。伞房状聚伞花序顶生或腋生，长 8 ~ 18cm，花萼紫红色，5 裂几达基部；花冠白色或带粉红色，筒细长，顶端 5 裂；花丝与花柱同伸出花冠外。核果近球形，成熟时呈蓝紫色。花果期 6 ~ 11 月。蓟州区居民小区有栽培。

灌木类

连翘 *Forsythia suspensa*
木犀科 Oleaceae

又名黄寿丹、黄花杆。落叶灌木，树高达 3m。枝开展，拱形下垂，小枝黄褐色，稍四棱，节间中空。单叶或有时为 3 小复叶，对生，卵形或卵状椭圆形，长 3 ~ 10cm，端锐尖，基圆形至宽楔形，缘有锯齿。花先于叶开放，通常单生，花萼裂片 4，矩圆形，花冠黄色，裂片 4，倒卵状，椭圆形；雄蕊 2，雌蕊长于或短于雄蕊。蒴果卵圆形。花期 4 ~ 5 月，果期 7 ~ 9 月。蓟州区有栽植。

迎春 *Jasminum nudiflorum*

木犀科 Oleaceae

    落叶灌木，树高 0.4 ～ 2m。枝条细长，呈拱形下垂生长，绿色，有四棱。叶对生，小叶 3，卵形至长圆状卵形，长 1 ～ 3cm，端急尖，缘有短睫毛，表面有基部突起的短刺毛。花单生，先叶开放，苞片小；花萼裂片 5 ～ 6，花冠黄色，直径 2 ～ 2.5cm，裂片 6，约为花冠筒长度的 1/2。花期 2 ～ 4 月，通常不结果。蓟州区常作花篱密植。

紫丁香 *Syringa oblata*

木犀科 Oleaceae

又名华北紫丁香、丁白。灌木，树高可达 4m。树皮灰褐色或灰色，枝条粗壮无毛。叶片广卵形，通常宽度大于长度，宽 5 ~ 10cm，端锐尖，基部心形或截形，上面深绿色，下面淡绿色，全缘，两面无毛。圆锥花序长 6 ~ 15cm，花萼钟状，有 4 齿。花冠紫色，端 4 裂开展；花药生于花冠筒中部或中上部。蒴果长圆形，顶端尖，平滑。花期 4 月。是蓟州区园林绿化普遍采用的花木。

丁香 *Syringa oblate* var. *alba*

木犀科 Oleaceae

又名白花丁香。多年生落叶灌木，树高 4～5m。丁香为紫丁香的变种，与紫丁香主要区别是：叶较小，叶面有疏生绒毛，叶片纸质，单叶互生，卵圆形或肾脏形，先端锐尖；花白色，有单瓣、重瓣之别，花端四裂，筒状，呈圆锥花序。花期 4～5 月。蓟州区广泛应用于公园、小区、公路绿化带。

榆叶梅 *Amygdalus triloba*

蔷薇科 Rosaceae

又名榆梅、小桃红。落叶灌木，树高 3 ～ 5m。小枝紫褐色无毛或具微毛。叶椭圆形至倒卵形，长 3 ～ 5cm，先端尖或有时 3 浅裂，基部阔楔形，缘具粗重锯齿，两面多少有毛。花单生或两朵并生，直径 2 ～ 3cm，先于叶开放；花有单瓣、重瓣和半重瓣之分；花梗长约 3mm 或近无梗；萼筒钟状，萼片卵形，边缘具小锯细齿。核果球形，直径 1 ～ 1.5cm。花期 4 月，果熟期 7 月。蓟州区有栽植。

毛樱桃 *Cerasus tomentosa*

▲蔷薇科 Rosaceae

又名山樱桃、梅桃。落叶灌木，树高 2 ~ 3m。幼枝密生绒毛。叶倒卵形至椭圆状卵形，长 5 ~ 7cm，先端尖，锯齿常不整齐，表面皱，有柔毛，背面密生绒毛。花白色或略带粉色，直径 1.5 ~ 2cm，无梗或近无梗，萼红色，有毛。核果近球形，径约 1cm，红色，稍有毛。花期 4 月，稍先叶开放，果熟期 6 月。蓟州区有栽植。

贴梗海棠 *Chaenomeles speciosa*

蔷薇科 Rosaceae

又名铁脚海棠、铁杆海棠。落叶灌木，树高达 2m。小枝圆柱形。叶片卵形至椭圆形，长 3 ～ 10cm，宽 1.5 ～ 5cm，边缘具尖锐细锯齿，背面淡绿色；叶柄长 1 ～ 1.5cm，无毛。花 2 ～ 6 朵，簇生于 2 年生枝上，直径 3.5 ～ 5cm，叶前或与叶同时开放；花梗粗短，长 3mm 或近于无梗；花瓣近圆形或倒卵形，雄蕊 35 ～ 50 枚，直立，长 1 ～ 1.3cm。果球形至卵形。花期 4 月，果期 10 月。蓟州区有栽植。

平枝栒子 *Cotoneaster horizontalis*

♠ 蔷薇科 Rosaceae

又名铺地蜈蚣。落叶匍匐灌木。枝水平开张成整齐二列，宛如蜈蚣．叶近圆形至倒卵形，长 5 ～ 14mm，先端急尖，基部广楔形，表面暗绿色，无毛，背面疏生平贴细毛。花 1 ～ 2 朵，粉红色，径 5 ～ 7mm，近无梗；花瓣直立，倒卵形。果近球形，径4 ～ 6mm，鲜红色，常有 3 小核。花期 5 ～ 6 月，果熟期 9 ～ 10月。蓟州区有成片栽植。

棣棠花 *Kerria japonica*

蔷薇科 Rosaceae

又名蜂棠花。落叶丛生无刺灌木，树高 1 ～ 2m。小枝绿色，圆柱形，光滑有棱无毛。叶卵形至卵状椭圆形，长 4 ～ 8cm，先端长尖，基部楔形或近圆形，缘有尖锐重锯齿，背面略有短柔毛。花两性，金黄色，直径 3 ～ 4.5cm，大而单生，着生在当年生侧枝顶端。瘦果倒卵形至半球形，褐色或黑褐色，生于盘状花托上。花期 4 ～ 6 月，果期 6 ～ 8 月。蓟州区多有栽植。

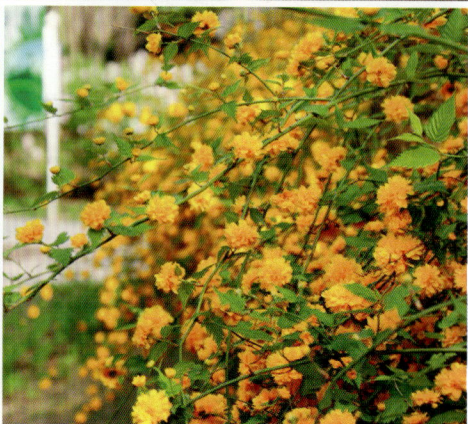

风箱果 *Physocarpus amurensis*

🌲 蔷薇科 Rosaceae

　　灌木，树高约 3m。小枝圆柱形，稍弯曲。叶互生，三角卵形至宽卵形，边缘有重锯齿；叶柄长 1．2 ～ 2.5cm。总状花序伞形，直径 34cm，花梗长 1 ～ 2cm；苞片披针形，顶端有锯齿，两面微被星状毛；花白色，径约 1cm；萼筒杯状，外面被星状绒毛；萼片三角形，长 3 ～ 4mm，宽约 2mm；花瓣倒卵形，长约 4mm，宽约 2mm。蓇葖果膨大，卵形。花期 6 月，果期 7 ～ 8 月。蓟州区有栽植。

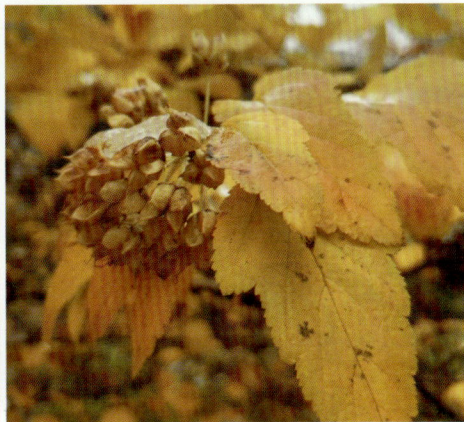

紫叶矮樱 *Prunus × cistena*

🌿蔷薇科 Rosaceae

是紫叶李和矮樱的杂交种。落叶灌木，株高 1.8 ~ 2.5m。枝条幼时紫褐色，通常无毛，老枝有皮孔，分布整个枝条；单叶互生、叶长卵形或卵状长椭圆形，长 4 ~ 8cm，先端渐尖，叶基部广楔形，叶紫红色或深紫红色，叶背面紫红色更深；花单生，中等偏小，淡粉红色，花瓣 5 片；雄蕊多数，单雌蕊。花期 4 ~ 5 月。蓟州区绿化带使用较多。

月季花 *Rosa chinensis*

🔶 蔷薇科 Rosaceae

又名月月红、四季花。落叶灌木，树高 1 ～ 2m。小枝绿色。叶为墨绿色，叶互生，奇数羽状复叶，小叶一般 3 ～ 5 片，广卵至卵状椭圆形，长 2.5 ～ 6cm；叶柄和叶轴散生刺和短腺毛，托叶大部附生在叶柄上，边缘有具腺纤毛，径 4 ～ 5cm；萼片常羽裂，缘有腺毛；花梗多细长，有腺毛。果卵形至球形，长 1.5 ～ 2cm，红色。花期 4 月下旬至 10 月，果熟期 9 ～ 11 月。蓟州区广泛栽植。

藤本月季 *Rosa chinensis*

蔷薇科 Rosaceae

又名爬藤月季、爬蔓月季。落叶藤性灌木，以茎上的钩刺或蔓靠他物攀缘。单数羽状复叶，小叶 5～9 片，小而薄，托叶附着于叶柄上，叶梗附近长有直立棘刺 1 对，通常有 5 枚边缘有细齿且带尖端的卵形小叶，互生。花单生、聚生或簇生。蓟州区栽植较多。

丰花月季 *Rosa hybrida*

▲ 蔷薇科 Rosaceae

　　落叶灌木，树高 1～2.5m。花色丰富，花期长。喜温暖气候耐旱，对环境的适应性极强，耐寒、耐高温、耐粗放管理，抗涝、抗病。品种有赫尔恩、冰山、金玛莉、红帽子、神奇、莫海姆等，是蓟州区春季主要观赏花卉。

野蔷薇 *Rosa multiflora*

🌸 蔷薇科 Rosaceae

　　落叶灌木，茎长，偃伏或攀缘，托叶下有刺。小叶 5 ～ 9，倒卵形至椭圆形，长 1.5 ～ 3cm，缘有齿，两面有毛；托叶明显，边缘篦齿状。花多朵成密集圆锥状伞房花序，白色或略带粉晕，芳香，径约 2cm，萼片有毛，花后反折。果近球形，径约 6mm，褐红色。花期 5 ～ 6 月，果熟期 10 ～ 11 月。蓟州区多有栽植。

玫瑰 *Rosa rugosa*

蔷薇科 Rosaceae

　　落叶灌木，枝干多针刺。奇数羽状复叶，小叶 5 ～ 9 片，椭圆形，有边刺，表面多皱纹，叶背面白色有茸毛小刺；叶大部和叶柄合生。花单生数朵聚生，花瓣紫红色，有芳香。花期 5 ～ 7 月，果期 8 ～ 9 月。果扁球形。玫瑰是园林绿化中不可多得的观赏花卉。蓟州区在公园、小区、机关、学校普遍栽培。

黄刺玫 *Rosa xanthina*

🌿 蔷薇科 Rosaceae

又名刺玫花、硬皮刺。落叶丛生灌木，树高 1 ~ 3m。小枝褐色，粗壮、密集、披散、无毛，有硬直皮刺。小叶 7 ~ 13 枚，光卵形至近圆形，长 0.8 ~ 1.5cm，先端钝或微凹，缘有钝锯齿，背面幼时微有柔毛，但无腺。花单生于叶腋，重瓣或单瓣，黄色，径 4.5 ~ 5cm。果近球形或倒卵圆形，紫褐色或黑褐色，直径 1cm。花期 4 ~ 6 月，果期 7 ~ 8 月。蓟州区有栽植。

珍珠梅 *Sorbaria kirilowii*

🌳 蔷薇科 Rosaceae

又名吉氏珍珠梅。灌木，树高 2～3m。枝条开展，小枝圆柱形，稍有弯曲，幼时绿色，老时红褐色。冬芽卵形，先端急尖，无毛或近于无毛，红褐色；羽状复叶，具有小叶片 13～21 枚，披针形至长圆披针形，长 4～7cm，先端渐尖，稀尾尖，基部圆形至宽楔形，边缘有尖锐重锯齿；顶生大型密集的圆锥花序，雄蕊 20 枚，与花瓣等长或稍短。花期 6～8 月，果期 9～10 月。蓟州区栽植较多。

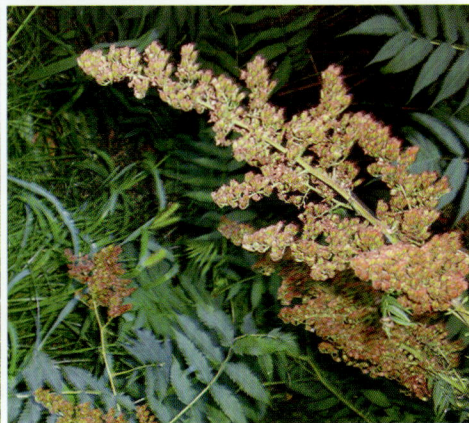

日本绣线菊 *Spiraea japonica*

🌲 蔷薇科 Rosaceae

又名粉花绣线菊。落叶灌木，株高达 1.5m。枝干光滑，或幼时具细毛。叶卵形至卵状长椭圆形，长 2 ～ 8cm，先端尖，叶缘有缺刻状重锯齿，叶背灰蓝色，脉上常有短柔毛。花淡粉红色至深粉红色，偶有白色者，簇聚于有短柔毛的复伞花序上，雄蕊较花瓣长。花期 6 ～ 7 月。蓟州区广泛应用。

金山绣线菊 *Spiraea japonica* 'Gold mound'

薔薇科 Rosaceae

　　落叶小灌木，树高 30 ～ 60cm，冠幅可达 60 ～ 90cm。小枝细长有棱角，老枝褐色，新枝黄色，枝条呈折线状，不通直，柔软。单叶互生，叶卵形至卵状长椭圆形，叶长 2 ～ 8cm，先端渐尖，基部楔形，叶缘具桃形深锯齿，两面光滑无毛；新生叶红色，后逐渐变成黄色，老叶绿色，秋叶霜打后变红。花蕾及花均为粉红色。花期 5 月中旬至 10 月中旬。蓟州区公园、小区栽植较多。

珍珠绣线菊 *Spiraea thunbergii*

蔷薇科 Rosaceae

又名珍珠花、喷雪花。落叶小灌木，树高可达 1.5m。叶条状披针形，长 2 ~ 4cm，宽 0.5 ~ 0.7cm，先端长渐尖，基部狭楔形，边缘有锐锯齿，羽状脉；叶柄极短或近无柄。伞形花序无总梗或有短梗，基部有数枚小叶片，花梗长 6 ~ 10mm；花直径 5 ~ 7mm，萼筒钟状，内面有密短柔毛，花瓣宽倒卵形，长 2 ~ 4mm；雄蕊多数，长约为花瓣的 1/3。花期 4 ~ 5 月，果期 7 月。蓟州区有栽植。

金焰绣线菊 *Spiraea × bumalda* 'Gold flame'

蔷薇科 Rosaceae

落叶小灌木，株高 60 ～ 110cm，冠幅 90 ～ 120cm。老枝黑褐色，新枝黄褐色，枝条呈折线状。冬芽小，有鳞片，单叶互生，边缘具尖锐重锯齿，羽状脉。叶长 0.8 ～ 3.0cm，宽 0.5 ～ 1.6cm，叶柄 0.2 ～ 0.4cm，具短叶柄，无托叶。花两性，伞房花序，萼筒钟状，圆形较萼片长，雄蕊长于花瓣；蓇葖果 5，沿腹缝线开裂，内具数粒细小种子；花玫瑰红，花序较大，10 ～ 35 朵聚成复伞形花序，直径 10 ～ 20cm。蓟州区多栽植。

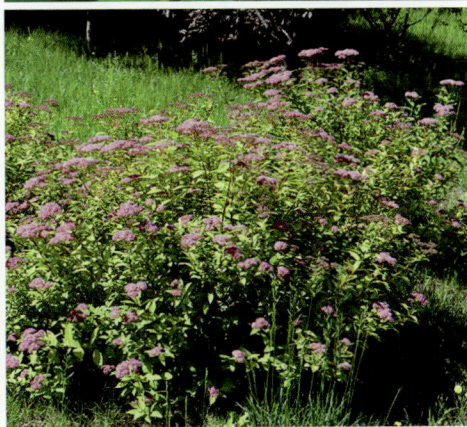

溲疏 *Deutzia scabra*

🌳 虎耳草科 Saxifragaceae

又名空疏、巨骨。落叶灌木，高达 2.5m。树皮薄片状剥落，小枝红褐色，幼时有星状柔毛。叶对生，有短柄，叶长卵状椭圆形，长 3 ~ 8cm，叶缘有不显小刺尖状齿，两面均有星状毛，粗糙。直立圆锥花序，花白色或外面略带粉红色；花柱 3 枚，萼裂片短于筒部；直立圆锥花序，长 5 ~ 12cm。蒴果近球形，顶端截形，长约 5mm。花期 5 ~ 6 月，果熟期 10 ~ 11 月。蓟州区常用作花篱。

太平花 *Philadelphus pekinensis*
虎耳草科 Saxifragaceae

又名京山梅花。丛生灌木，树高达 2m。树皮栗褐色，薄片状剥落，小枝光滑无毛，常带紫褐色。叶卵状椭圆形，长 3～6cm，及不光楔形或近圆形，三主脉，先端渐尖，缘疏生小齿，通常两面无毛，或有时背面脉腋有簇毛，叶柄带紫色。花 5～9 朵成总状花序，花乳黄色，径 2～3cm，微有香气，萼外面无毛，里面沿边有短毛。蒴果陀螺形。花期 6 月，果熟期 9～10 月。蓟州区有丛植。

黑茶藨子 *Ribes nigrum*

虎耳草科 Saxifragaceae

又名茶藨子。落叶灌木，树高 2m。枝皮褐色，剥裂。叶掌状 3 裂，长 5 ~ 10cm，先端尖，基部心形，缘有尖齿，表面散生细毛，背面密生白色绒毛。总状花序长 2.5 ~ 10cm，初直立，后下垂，花多至 40 朵；花绿黄色，萼裂片 5 枚，反卷，花瓣短小，花托短。浆果球形，径 7 ~ 9mm，红色。花期 5 ~ 6 月，果熟期 7 ~ 8 月。蓟州区有栽植。

蝟实 *Kolkwitzia amabilis*

忍冬科 Caprifoliaceae

　　落叶灌木，株高 3m。干皮薄片状剥裂，幼枝被柔毛，老枝皮剥落。叶卵形至卵状椭圆形，长 3 ~ 7cm，先端尖，基部圆形，边缘疏生浅齿或近全缘，两面疏生柔毛。伞房状聚伞花序生于侧枝顶端，萼筒外部生耸起长柔毛，在子房以上缢缩似颈；花冠钟状，粉红色至紫色，裂片 5 枚，其中 2 片稍宽而短；雄蕊 4 枚，内藏，果 2 个合生。花期 5 ~ 6 月，果期 8 ~ 9 月。蓟州区多有栽植。

蓝叶忍冬 *Lonicera korolkowii*

🔺 忍冬科 Caprifoliaceae

落叶灌木，株高 2～3m，树形向上，紧密。单叶对生，叶卵形或卵圆形，全缘，新叶嫩绿，老叶墨绿色泛蓝色；花朵成对的生于腋生的花序柄顶端，花脂红色，花期 4～5 月。浆果亮红色，果期 9～10 月。忍冬花美叶秀，其叶、花、果均具观赏价值，是很有发展前景的园林绿化树种。蓟州区有栽植。

金银木 *Lonicera maackii*

🌿 忍冬科 Caprifoliaceae

又名金银忍冬。落叶灌木，树高达 5m。小枝髓黑褐色，单叶对生，叶呈卵状椭圆形至披针形，长 5 ~ 8cm，端渐尖，基宽楔形或圆形，两面疏生柔毛。花成对腋生，总花梗短于叶柄，苞片线形，相邻两花的萼筒分离，花冠唇形，花开之时初为白色，后变为黄色；花芳香，花冠筒 2 ~ 3 倍短于唇瓣，雄蕊 5 枚，与花柱均短于花冠。浆果球形亮红色。花期 5 月，果熟期 9 月。蓟州区广泛丛植。

接骨木 *Sambucus williamsii*

忍冬科 Caprifoliaceae

又名公道老、扦扦活。落叶灌木，株高达 6m。老枝有皮孔，光滑无毛，枝心中空。奇数羽状复叶对生，小叶 5 ~ 7 对，椭圆状披针形，长 5 ~ 15cm，先端尖，渐尖至尾尖，基部阔楔形，常不对称，两面光滑无毛。圆锥聚伞花序顶生，长达 7cm；萼筒杯状，花冠辐状，白色或淡黄色，裂片 5 枚；雄蕊 5 枚，约与花冠等长，浆果状核果等球形，核 2 ~ 3 颗。花期 4 ~ 5 月，果 6 ~ 7 月成熟。蓟州区有栽植。

绣球荚蒾 *Viburnum macrocephalum*

忍冬科 Caprifoliaceae

又名大绣球、木绣球、八仙花。落叶灌木，株高达4m。枝条广展，树冠呈球形。芽、幼枝、叶柄密被灰白或黄白色星状毛，冬芽裸露，老枝灰黑色。单叶对生，卵形或椭圆形，长5～8cm，端钝，基部圆形，缘有细锯齿，下面疏生星状毛。大型聚伞花序呈球形，聚伞花序仅边缘有白色不育花，中间为可孕花，花萼筒无毛。花期4～6月，9～10月果熟。蓟州区多有栽植。

鸡树条 *Viburnum opulus* var. *calvescens*

忍冬科 Caprifoliaceae

又名天目琼花。落叶灌木，株高约 3m。树皮暗灰色，浅纵裂，小枝有明显皮孔。叶宽卵形至卵圆形，长 6 ～ 12cm，裂片边 缘具不规则的齿；生于分枝上部的叶常为椭圆形至披针形，不裂；叶柄顶端有 2 ～ 4 腺体。聚伞花序复伞形，直径 8 ～ 12cm，生于侧枝顶端，边缘有大型不孕花，中间为两性花，花冠乳白色；雄蕊 5 枚，花药紫色。核果近球形，直径约 1cm。花期 5 ～ 6 月，果期 8 ～ 9 月。蓟州区有栽植。

锦带花 *Weigela florida*

忍冬科 Caprifoliaceae

又名五色海棠。落叶灌木，树高达 3m。枝条开展，小枝细弱。单叶对生，具短柄，叶片椭圆形或卵状椭圆形，长5 ~ 10cm，先端渐尖，基部圆形至楔形，边缘有锯齿；叶面深绿色，背面青白色。花 1 ~ 4 朵组成伞房花序，萼片 5 裂，披针形，下半部连合；花冠漏斗状钟形，花径约 3cm，紫红至淡粉红色、玫瑰红色，裂片 5 枚。蒴果柱状。花期 5 ~ 6 月，果期 10 月。蓟州区常用作花篱配植。

红王子锦带 *Weigela florida* 'Red Prince'

🌿 忍冬科 Caprifoliaceae

落叶灌木，株高 1 ~ 2m。嫩枝淡红色，老枝灰褐色。单叶对生，叶椭圆形，先端渐尖，叶缘有锯齿，红枝及叶脉具柔毛。花冠 5 裂，漏斗状钟形，花冠筒中部以下变细，雄蕊 5 枝，雌蕊 1 枝，高出花冠筒，聚伞花序，生于小枝顶端或叶腋；开花盛期 5 ~ 7 月，花序到 10 月仍陆续不断。蒴果柱状，黄褐色，果期 8 ~ 9 月。蓟州区有栽植。

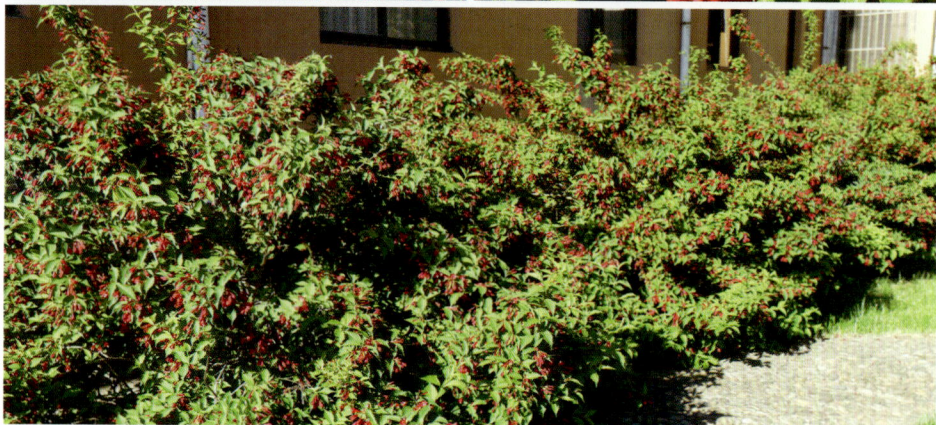

紫珠 *Callicarpa bodinieri*

木 马鞭草科 Verbenaceae

又名白棠子树。灌木，株高约2m。小枝幼时有绒毛，很快变光滑。叶片卵形至椭圆形，长7～18cm，顶端长渐尖至短尖，基部楔形，两面通常无毛，边缘有细锯齿，叶柄长5～10mm。聚伞花序，花萼杯状，花冠白色和淡紫色，长约3mm。果实球形，熟时紫色，径约2mm。花期6～7月，果期8～11月。蓟州区有栽植。

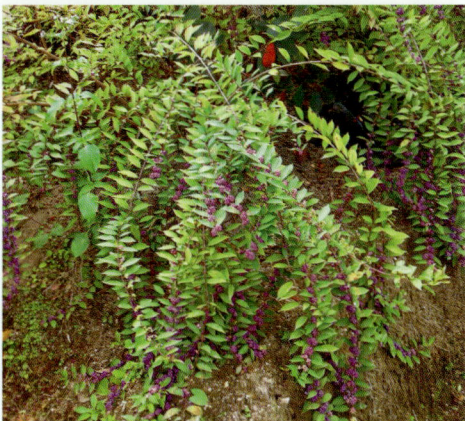

木槿 *Hibiscus syriacus*
锦葵科 Malvaceae

　　落叶灌木，株高 3 ~ 4m。树皮灰褐色，皮孔明显，分枝多，稍披散，小枝褐灰色，幼时有绒毛。叶菱状卵形，长 3 ~ 6cm，常三裂先端渐尖，茎部楔形，端部常 3 裂，叶缘有不规则粗大锯齿，背面脉上稍有毛；上面深绿光亮无毛，下面具稀疏星状毛或近无毛；叶柄长 0.5 ~ 2.5cm，托叶肾形。花单生叶腋，花冠钟状，径 5 ~ 8cm，单瓣或重瓣。蒴果卵圆形。花期 6 ~ 9 月，果熟期 11 月。蓟州区栽植较多。

石榴 *Punica granatum*

石榴科 Punicaceae

又名安石榴、海榴。落叶灌木,株高 5 ~ 7m。树冠丛状自然圆头形,树干呈灰褐色,上有瘤状突起;树冠内分枝多,嫩枝有棱,多呈方形。小枝柔韧,不易折断。叶对生或簇生,长 2 ~ 8cm,顶端尖,表面有光泽,背面中脉凸起,有短叶柄。花多红色,径约 3cm;花萼钟形,质厚。浆果近球形,径 6 ~ 8cm。种子多数,有肉质外种皮。花期 5 ~ 6 月,果熟期 9 ~ 10 月。蓟州区多有栽植。

牡丹石榴 *Punica granatum* var. *pleniflora*

石榴科 Punicaceae

　　花期从 5 月始花至 10 月，长达 5 个月，达到了花果同期、同树，成年树花量达千朵以上。果实大，近圆形或扁圆形；皮光洁，黄中透红，萼片 5 ~ 8 裂；籽粒红色、粒大、肉厚、汁多，味甜微酸，风味佳，9 月下旬成熟。牡丹石榴可赏花、可食果，既可大田生产，又可用于园林美化，是集食用、观赏、绿化、环保于一体的果中珍品。蓟州区多有栽植。

醉鱼草 *Buddleja lindleyana*

🌿 马钱科 Angiospermae

又名闹鱼花。灌木，株高 2m。小枝具四棱而稍有翅，幼时有微细的棕黄色星状毛。单叶对生，卵形至卵状披针形，长 5～10cm，端尖或渐尖，基楔形，全缘或疏生波状牙齿。花序穗状，顶生，扭向一侧，长 7～20cm；花萼 4 裂，密生细鳞毛，花冠紫色，稍弯曲，筒长 1.5～2cm，密生细鳞毛，筒内面白紫色；雄蕊 4 枚，着生花冠筒下部。蒴果长圆形，被鳞片。花期 6～8 月。蓟州区有栽植。

油用牡丹 *Paeonia* spp.

芍药科 Paeoniaceae

油用牡丹是指能榨取牡丹籽油的牡丹统称。多年生落叶小灌木。株型高大，直立，枝细节长。叶为二回三出羽状复叶，小叶15枚，狭长椭圆形，缺刻少，近全缘，仅顶生小叶偶有2～3裂；叶面暗绿，叶背灰白。花纯白、浅粉、淡紫色，单瓣型；雌雄蕊正常，结实力强。果实为蓇葖果，一般结有5个果荚，每个果荚内有5～8粒种子，种子可以榨油。原产于我国。适栽范围广，林下栽植长势最佳，是繁育观赏牡丹的优良砧木。

牡丹 *Paeonia suffruticosa*

芍药科 Paeoniaceae

多年生落叶小灌木，株高 0.5 ~ 2.0m。枝干直立而脆，圆形，当年生枝光滑、草本，黄褐色，第二年木质化；多年生枝干表皮褐色，常开裂而剥落。叶互生，叶片通常为二回三出复叶，枝上部常为单叶，小叶片有披针、卵圆、椭圆等形状；叶面深绿色或黄绿色，叶背灰绿色。花单生于当年枝顶，两性，花径 10 ~ 30cm，花色、花型众多。著名的传统观花植物。

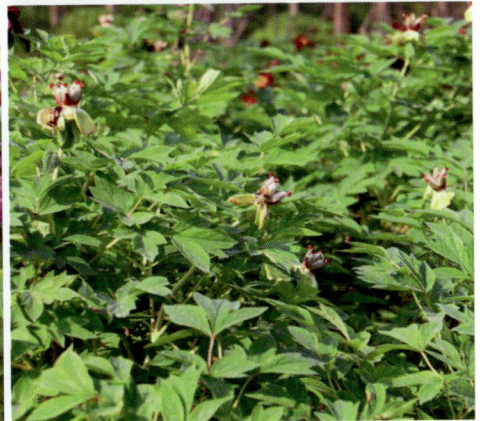

胡枝子 *Lespedeza bicolor*

豆科 Leguminosae

又名二色胡枝子、随军茶。落叶灌木，树高达 3m，分枝细长而多，常拱垂，有棱脊，微有平伏毛。小叶卵形至卵状椭圆形或倒卵形，长 3～6cm，叶端钝圆或微凹，有小尖头，叶基圆形；叶表疏生平伏毛，叶背灰绿色，毛略密。总状花序腋生；花紫色，花萼密被灰白色平伏毛，萼齿不长于萼筒。荚果斜卵形，长 6～8mm，有柔毛。花期 8 月，果熟期 9～10 月。蓟州区有栽植。

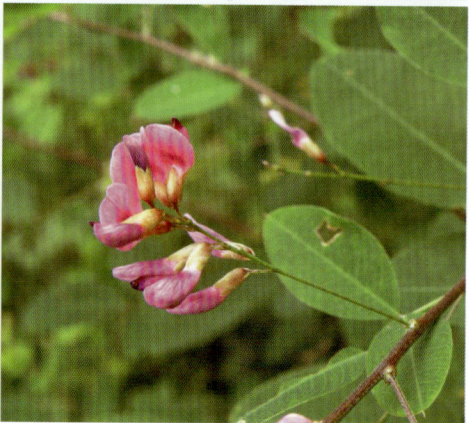

扁担杆 *Grewia biloba*

🌳 椴树科 Tiliaceae

又名孩儿拳头。落叶灌木，株高 1 ～ 2m，基部多分枝，小枝密生黄褐色短毛。单叶互生，菱状卵形，先端渐尖，边缘又不规则的锯齿。聚伞花序叶对生，每序着花 3 ～ 8 朵，花淡黄绿色。核果近球形，橙黄色或红色。花期 6 ～ 7 月，果熟期 8 ～ 10 月。本种果实橙红鲜丽，且可宿存枝头达数月之久，为良好的观果树种。蓟州区常用于丛植、篱植。

柽柳 *Tamarix chinensis*

柽柳科 Tamaricaceae

又名三春柳、西湖柳。乔木或灌木，株高 3～6m。树皮红褐色，枝细长而常下垂，红紫色或暗紫色。叶卵状披针形，长 1～3mm，叶端尖，叶背有隆起的脊。总状花序侧生于去年生枝上者春季开花，总状花序集成顶生大圆锥花序者夏、秋开花。花粉红色，苞片条状钻形，萼片、花瓣及雄蕊各为 5 枚。花盘 10 裂，罕为 5 裂，棍棒状。蒴果 3 裂，长 3.5mm。夏秋开花，果 10 月成熟。蓟州区广泛栽植。

银芽柳 *Salix × leucopithecia*

杨柳科 Salicaceae

又名银柳、棉花柳。落叶灌木，株高 2～3m。分枝稀疏，枝条绿褐色，具红晕，幼时具绢毛，老时脱落；冬芽红紫色，有光泽。叶长椭圆形，长 9～15cm，先端尖，基部近圆形，缘具细锯齿，表面微皱，深绿色，叶背面密被白毛，半革质。雄花序椭圆柱形，长 3～6cm，早春叶前开放，初开时芽鳞疏展，包被于花序基部，红色而有光泽，盛开时花序密被银白色绢毛。蓟州区有栽植。

水蜡 *Ligustrum obtusifolium*

木犀科 Oleaceae

落叶灌木，株高达 3m，幼枝具柔毛。单叶对生，叶椭圆形至长圆状倒卵形，长 3～5cm，全缘，端尖或钝，背面或中脉具柔毛。圆锥花序顶生、下垂，长仅 4～5cm，生于侧面小枝上，花白色，芳香；花具短梗；萼具柔毛；花冠管长于花冠裂片 2～3 倍。核果黑色，椭圆形，稍被蜡状白粉。花期 6 月，果期 8～9 月。蓟州区栽植较多。

金叶水蜡 *Ligustrum obtusifolium* 'Jinye'

木犀科 Oleaceae

东北普通水蜡的芽变，与东北水蜡相比，叶形略细长，嫩枝红色，叶金黄，强光下不焦叶，生长速度比普通水蜡略慢，但横向生长枝条比较多。本种与同属的金叶女贞相比较，颜色基本一致，但金叶女贞多数叶互生一轮排列，而金叶水蜡叶互生呈十字两轮排列，叶片比金叶女贞的叶片窄而长。金叶水蜡枝紧密，叶金黄靓丽，是蓟州区优良的园林绿化彩叶树种。

小叶女贞 *Ligustrum quihoui*

木犀科 Oleaceae

又名小叶冬青。落叶灌木，株高 13m。小枝淡棕色，圆柱形，密被微柔毛。叶片薄革质，椭圆形至倒卵状长圆形，长 1.5 ~ 5cm。无毛，先端锐尖、钝或微凹，基部楔形，全缘，边缘略向外反卷，上面深绿色，下面淡绿色；叶柄无毛或被微柔毛。圆锥花序顶生，近圆柱形，长 7 ~ 21cm。花白色，花冠裂片与筒部等长。核果宽椭圆形或近球形，长 59mm。花期 7 ~ 8 月。蓟州区广泛用于绿篱。

金叶女贞 *Ligustrum × vicaryi*

木犀科 Oleaceae

是卵叶金边女贞与欧洲女贞杂交育成。落叶灌木，株高 1 ~ 2m。叶片较大，单叶对生，椭圆形或卵状椭圆形，长 2 ~ 5cm。总状花序，小花白色。核果阔椭圆形，紫黑色。蓟州区有球形栽植。

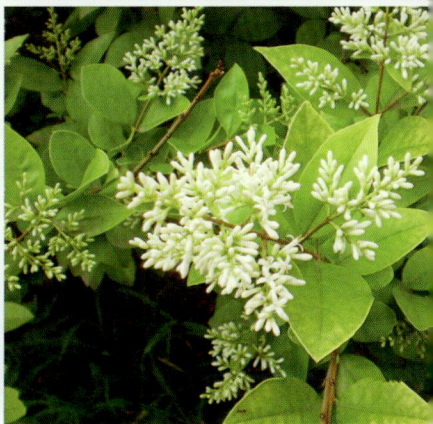

红瑞木 *Cornus alba*

🌳 山茱萸科 Cornaceae

又名凉子木。落叶灌木，株高达 3m。枝血红色，无毛，初时常被白粉，髓大而白色。叶对生，卵形或椭圆形，长 4～9cm，先端突尖，基部圆形或广楔形，全缘，侧脉 5～6 对，叶表暗绿色，叶背粉绿色，两面均疏生贴生短柔毛。花小，黄白色，排成顶生的伞房状聚伞花序。核果斜卵圆形，长约 8mm，成熟时乳白色或蓝白色。花期 5～6 月，果熟期 8～9 月。蓟州区常丛植于草坪、绿树间。

紫穗槐 *Amorpha fruticosa*

🌳 豆科 Leguminosae

又名棉槐、穗花槐。落叶灌木，株高 1～4m。丛生、枝叶繁密，皮暗灰色，小枝灰褐色，有凸起锈色皮孔，幼时密被柔毛；侧芽很小，常两个叠生。叶互生，奇数羽状复叶，小叶 11～25，长椭圆形，长 2～4cm，先端圆形，全缘，叶内有透明油腺点；幼叶密被毛，老叶毛稀疏，托叶小。花蓝紫色，花药黄色。荚果短镰形，长 7～9mm。花期 5～6 月，果熟期 9～10月。蓟州区普遍栽植。

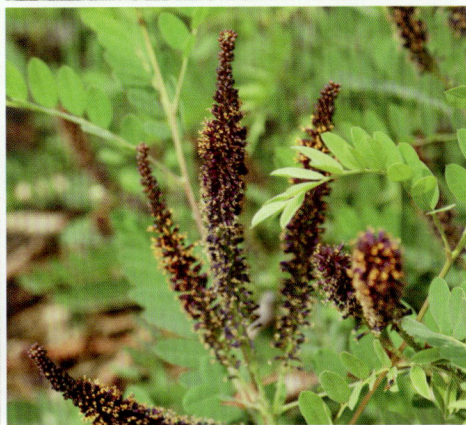

金叶莸 *Caryopteris clandonensis* 'Worcester Gold'

马鞭草科 Verbenaceae

落叶小灌木，株高 1.2m，冠幅 1.0m，枝条圆柱形。单叶对生，叶楔形，长 3 ~ 6cm，叶面光滑，鹅黄色，叶先端尖，基部钝圆形，边缘有粗齿。聚伞花序，花冠蓝紫色，高脚碟状腋生于枝条上部，自下而上开放；花萼钟状，二唇形 5 裂，下裂片大而有细条状裂，雄蕊 4 枚；花冠、雄蕊、雌蕊均为淡蓝色。花期 7 ~ 9 月。蓟州区绿化普遍采用流线型大色块组团。

荆条 *Vitex negundo* var. *heterophylla*

马鞭草科 Verbenaceae

又名牡荆、五指风。落叶灌木，株高 1 ~ 5m，小枝四棱形。叶对生、具长柄，小叶椭圆状卵形，长 2 ~ 10cm，先端锐尖，缘具切裂状锯齿或羽状裂，背面灰白色，被柔毛。花组成疏展的圆锥花序，长 12 ~ 20cm；花萼钟状，具 5 齿裂，宿存；花冠蓝紫色，二唇形；雄蕊和花柱稍外伸。核果，球形或倒卵形。花期长，6 ~ 8 月，果期 7 ~ 10 月。蓟州区山区普遍生长。

大叶黄杨 *Buxus megistophylla*

黄杨科 Buxaceae

又名冬青、正木、四季青。常绿灌木，株高 0.6 ～ 2m。小枝绿色，梢四棱形。叶革质而有光泽，椭圆形至倒卵形，长 3 ～ 6cm，先端渐尖，顶钝或锐，基部广楔形，缘有细钝齿，两面无毛。叶柄长 6 ～ 12mm。花绿白色，4 数，5 ～ 12 朵，成密集聚伞花序，腋生枝条端部。蒴果近球形，径 8 ～ 10mm，淡粉红色，熟时 4 瓣裂，假种皮橘红色。花期 5 ～ 6 月，果熟期 6 ～ 7 月。蓟州区常用于绿篱使用。

小叶黄杨 *Buxus sinica* subsp. *sinica* var. *parvifolia*

黄杨科 Buxaceae

　　常绿小灌木，树高 0.6 ～ 1.8m，分枝多而密集。叶较狭长，对生，革质，全缘，倒披针形或倒卵状长椭圆形，长 2 ～ 4cm，先端圆或微凹，表面亮绿色，背面黄绿色，有短柔毛，叶柄极短。花小，黄绿色，呈密集短穗状花序，其顶部生一雌花，其余为雄花。蒴果卵圆形，顶端具 3 宿存之角状花柱，熟时紫黄色。花期 4 月，果熟期 7 月。蓟州区常用于布置模纹图案及绿篱使用。

卫矛 *Euonymus alatus*

🔺 卫矛科 Celastraceae

又名鬼箭羽。落叶灌木，株高 2 ~ 3m。小枝四棱形，有 2 ~ 4 排木栓质的阔翅。叶对生，倒卵状长椭圆形，3 ~ 5cm，先端尖，基部楔形，边缘有细尖锯齿，两面无毛，叶柄极短。花黄绿色，径 5 ~ 7mm，常 3 朵成一具短梗之聚伞花序。蒴果棕紫色，深裂成 4 裂片，有时为 1 ~ 3 裂片，棕紫色。种子褐色，有橘红色的假种皮。花期 5 ~ 6 月，果熟期 9 ~ 10 月。蓟州区常作绿篱使用。

紫叶小檗 *Berberis thunbergii* var. *atropurpurea*

木 小檗科 Berberidaceae

又名红叶小檗。落叶灌木，株高 1 ~ 2m，幼枝紫红色，老枝灰褐色或紫褐色，有槽，具刺。叶深紫色或红色，叶全缘，菱形或倒卵形，在短枝上簇生。花单生或 2 ~ 5 朵成短总状花序，黄色，下垂，花瓣边缘有红色纹晕。果椭圆形，长 0.8 ~ 1.2cm，红色或紫色。花期 4 月，果熟期 9 ~ 10 月。蓟州区常用于绿篱或与其他植物配置组成彩色绿化带。

铺地柏 *Sabina procumbens*

柏科 Cupressaceae

又名爬地柏、铺地龙。匍匐常绿小灌木，株高达 75cm，冠幅逾 2m，贴近地面伏生。叶全为刺叶，3 叶交叉轮生，叶上面有 2 条白色气孔线，下面基部有 2 白色斑点，叶基下延生长，叶长 6～8mm。球果球形，内含种子 2～3 粒。蓟州区在庭院绿化中多处使用。

叉子圆柏 *Sabina vulgaris*

柏科 Cupressaceae

又名砂地柏、沙地柏、新疆圆柏。匍匐性灌木，高不及1m。枝密，斜上展；枝皮灰褐色，裂成薄片脱落。鳞叶交叉对生相互紧贴，多雌雄异株。球果熟时呈暗褐紫色，种子1～4粒花椭圆形或矩圆形，长2～3mm，球果生于向下弯曲的小枝顶端，熟前蓝绿色，熟时褐色至紫蓝色或黑色，具1～5粒种子，种子常为卵圆形。蓟州区多有栽植。

草本花卉类

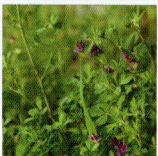

藿香蓟 *Ageratum conyzoides*

菊科 Asteraceae

又名胜红蓟。多年生草本，高 30 ~ 60cm，基部多分枝，丛生状，全株具毛。叶对生，卵形至圆形。头状花序径约 6cm，聚伞状着生枝顶，小花筒状，无舌状花，蓝或粉白色；花朵繁多，色彩淡雅。是蓟州区理想的地被材料。

翠菊 *Callistephus chinensis*

菊科 Asteraceae

又名江西腊。茎直立，多分枝，被白色硬毛，株高 20 ~ 100cm。叶互生，卵形至椭圆形，具有粗钝锯齿，长 3 ~ 6cm，宽 1.5 ~ 3cm，上部叶无叶柄。头状花序单生于茎顶，花径 3 ~ 15cm，总苞具多层苞片，花盘边缘为舌状花。瘦果呈楔形，浅褐色，长 3 ~ 4mm，被柔毛。冠毛 2 层，外层短，易脱落。秋播花期为翌年 5 ~ 6 月，春播花期 7 ~ 10 月。蓟州区种植普遍。

波斯菊 *Cosmos bipinnatus*

🌿 菊科 Asteraceae

又名秋英、秋樱、格桑花。一年生草本植物，根纺锤状，多须根，株高 30 ～ 120cm。细茎直立，单叶对生。头状花序顶生或腋生在细长的花梗上，花径 3 ～ 6cm。花期 6 ～ 8 月，果期 9 ～ 10 月。本种株形高大，叶形雅致，花色丰富，成为蓟州区优良的美化植物材料。

硫华菊 *Cosmos sulphureus*

菊科 Asteraceae

又名黄秋英、黄花波斯菊、硫黄菊。一年生草本植物，多分枝。叶为对生的二回羽状复叶。花为舌状花，有单瓣和重瓣两种，直径 3～5cm，颜色多为黄、金黄、橙色，红色。瘦果棕褐色，坚硬。春播花期 6～8 月，夏播花期 9～10 月。在蓟州区多做路旁道边、林缘坡地、庭院空地片植。

万寿菊 *Tagetes erecta*

菊科 Asteraceae

又名臭芙蓉、万寿灯、蜂窝菊。一年生草本，株高 30～80cm，茎直立，粗壮。叶羽状分裂，头状花序。花冠有浅黄、金黄、杏黄色，有大花、小花、单瓣、重瓣和高秧、矮秧多个品种。喜温暖、阳光充足的环境，耐寒，耐旱。但稍能耐早霜，耐半阴，抗性强，对土壤要求不严，耐移植，生长迅速，病虫害较少。花期 7～9 月，种熟期 9～10 月。蓟州区应用较多。

孔雀草 *Tagetes patula*

菊科 Asteraceae

又名红黄草、滕菊。一年生草本，株高 20 ～ 40cm，茎多分枝，细长而晕紫色。叶对生或互生，有油腺，羽状全裂，小裂片线形至披针形，先端尖细芒状。头状花序顶生，有长梗，花径 2 ～ 6cm，总苞苞片一层联合成圆形长筒；舌状花黄色，基部具紫斑，管状花先端 5 裂，通常多数转变为舌状花而形成重瓣类型；花型有单瓣型、重瓣型、鸡冠型等。蓟州区常作花坛、花境边缘材料使用。

百日菊 *Zinnia elegans*

菊科 Asteraceae

又名步步高、火球花。一年生草本，茎直立，株高 30 ～ 100cm，株形美观。叶宽卵圆形或长圆状椭圆形，头状花序单生枝端，花径约 10cm，花瓣颜色多样，花型变化多端，基本上都是重瓣种。夏秋开花，花期 6 ～ 10 月。瘦果倒卵状楔形，果期 7 ～ 10 月。蓟州区传统的草本花卉。

牵牛花 *Pharbitis nil*

旋花科 Convolvulaceae

又名喇叭花、牵牛、朝颜花。一年生蔓性缠绕草本花卉，蔓生茎细长，3～4m。叶互生。聚伞花序腋生，1朵至数朵，花冠喇叭样，花色鲜艳美丽，有莹蓝、玫红或白色。蒴果球形，成熟后胞背开裂，种子粒大，黑色或黄白色，寿命很长。花期6～10月。蓟州区主要应用于小型棚架、篱垣的绿化美化。

茑萝 *Quamoclit pennata*

旋花科 Convolvulaceae

又名绕龙华、茑罗松。一年生缠绕草本，茎柔弱，绿色，长达 4m。单叶，互生，叶片羽状深裂，基部一对叶片又再次 2 裂。托叶与叶同形，亦羽状深裂。数朵花集生成聚伞花序，腋生，花冠深红色或白色，漏斗状，外缘 5 裂。花期 8 ～ 10 月。蒴果卵圆形，种子黑色。蓟州区在居民小区、农户庭院常用作篱墙和棚架使用。

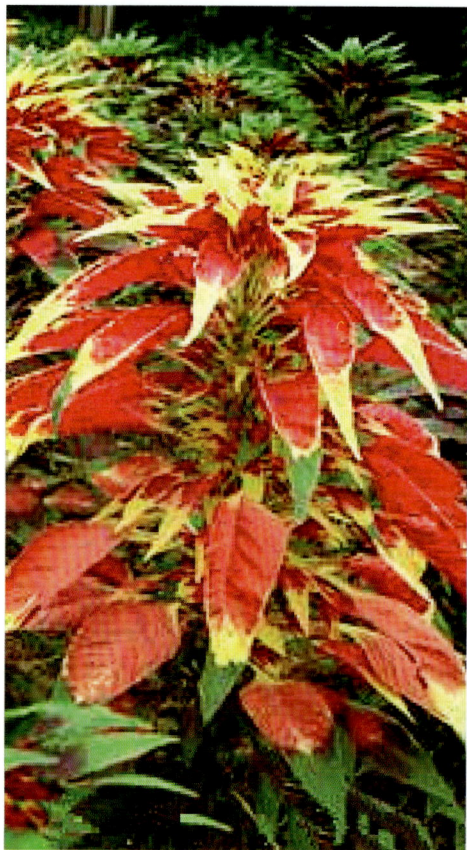

雁来红 *Amaranthus tricolor*

苋科 Amaranthaceae

　　又名三色苋、老来少。一年生草本，株高 100 ~ 140cm，直立，少有分枝。叶卵圆至卵状披针形，叶片基部常暗紫色，入秋梢叶中下部或全叶变为黄及艳红色。花小不显，穗状花序集生于叶腋。蓟州区公园、小区有丛植。

太阳花 *Portulaca grandiflora*

马齿苋科 Portulacaceae

又名松叶牡丹。多年生肉质草本，株高 15～20cm，茎细而圆，茎叶肉质，平卧或斜生，节上有丛毛。叶散生或略集生，圆柱形，长 1～2.5cm。花顶生，直径 2.5～5.5cm，基部有叶状苞片，花瓣颜色鲜艳，有白、黄、红、紫等色。蒴果成熟时盖裂，种子小巧玲珑，银灰色。花期 5～11 月。蓟州区多有种植。

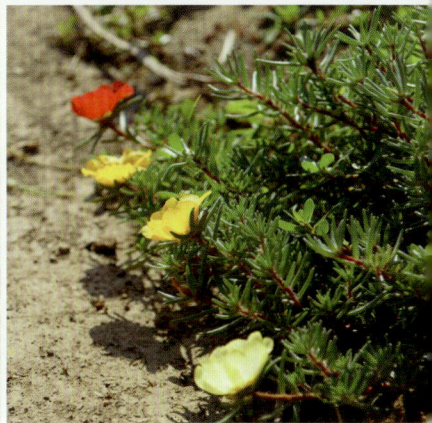

彩叶草 *Coleus scutellarioides*

唇形科 Lamiaceae

又名五彩苏、老来少、五色草。多年生草本植物，多做观叶类花卉。茎四棱；单叶对生，卵圆形，叶面绿色，有淡黄、桃红、朱红、紫等色彩鲜艳的斑纹。顶生总状圆锥花序，花小，浅蓝色或浅紫色。小坚果平滑有光泽。变种有五色彩叶草、黄绿叶型彩叶草等，在蓟州区多做节日花境图案的镶边材料。

紫苏 *Perilla frutescens*

唇形科 Lamiaceae

又名白苏、赤苏。一年生直立草本。茎高 0.3 ~ 2cm，绿色或紫色，钝四棱形，具四槽，密被长柔毛。叶阔卵形或圆形，多皱缩卷曲，常破碎，叶柄长 2 ~ 7cm；两面紫色至紫蓝色。轮伞花序，偏向一侧的顶生及腋生总状花序；花期 8 ~ 11 月。蓟州区有栽植。

一串红 *Salvia splendens*

唇形科 Lamiaceae

又名爆仗红、象牙红、西洋红。一二年生草本花卉，株高 30 ~ 90cm，茎钝四棱形。叶卵圆形或三角状卵圆形。轮伞花序 2 ~ 6 花，组成顶生总状花序，花序长达 20cm 以上；苞片卵圆形，红色，花序修长，色红鲜艳，花期 3 ~ 10 月。蓟州区大量用于美化。

紫茉莉 *Mirabilis jalapa*

紫茉莉科 Nyctaginaceae

又名胭脂花、草茉莉。 多年生草本花卉，常作一年生栽培，株高 60cm。根肥粗；茎直立；叶片卵形或心脏形对生；喇叭形花常数朵簇生枝端，有红、黄、橙、白等色或有条纹、斑块或两色相间。花期 6 ～ 10 月，果期 8 ～ 11 月。蓟州区广有种植。

凤仙花 *Impatiens balsamina*

凤仙花科 Balsaminaceae

又名指甲花、染指甲花、小桃红。一年生草本花卉。茎直立，肉质，高 60～100cm。叶互生，披针形。花大下垂，单生或腋生，花形似蝴蝶，花色有粉红、大红、紫、白黄、洒金等，善变异。花期 6～10 月。蒴果纺锤形，种子多数，圆球形，黑褐色，成熟时外壳自行爆裂，将种子弹出。蓟州区广有种植。

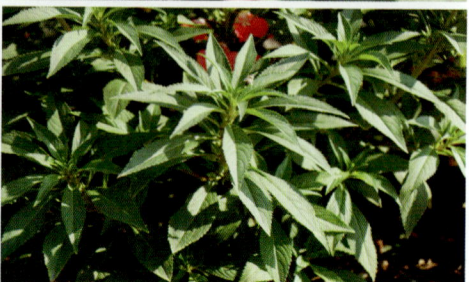

三色堇 *Viola tricolor*

🌱 堇菜科 Violaceae

又名蝴蝶花、鬼脸花。多年生草本，株高 15～25cm，全株光滑。茎长而多分枝，常倾卧地面。叶互生，基生叶圆心脏形，茎生叶较狭；托叶宿存，基部有羽状深裂。花大，花径约有 5cm，腋生，下垂，有总梗及 2 小苞片；萼 5 宿存，花瓣 5 枚，不整齐，一瓣有短而钝之距，下面两枚花瓣有线形附属体，向后伸入距内；花色通常为黄、白、紫三色。花期 4～6 月，果期 5～7 月。蓟州区多栽植。

醉蝶花 *Cleome spinosa*

白花菜科 Capparidaceae

又名西洋白花菜、紫龙须。一年生草本，株高 90 ～ 120cm，有强烈气味和黏质腺毛。掌状复叶，小叶 5 ～ 7 枚，矩圆状披针形，先端急尖，基部楔形，全缘，两侧及叶柄有腺毛，托叶变成小钩刺。总状花序顶生，萼片条状披针形，向外反折，花瓣玫瑰紫色或白色，倒卵形，有长爪。蒴果圆柱形，种子浅褐色。蓟州区常用作花境材料。

红蓼 *Polygonum orientale*

🌿蓼科 Polygonaceae

又名红草、水红花子。一年生草本，株高 1～3m。茎直立，中空，多分枝，全株密被粗长毛。叶大，互生，广卵形或卵状披针形，长 10～20cm，宽 6～12cm，先端渐尖，基部浑圆或稍成心形，全缘；托叶鞘筒状，下部膜质，褐色，上部草质，绿色有缘毛。总状花序顶生或腋生，柔软下垂如穗；小花粉红或玫瑰红。花期 7～9 月。蓟州区有栽植。

曼陀罗 *Datura stramonium*

🌿 茄科 Solanaceae

又名杨金花、狗核桃。一年生草本，高达 1 ~ 2m。主茎常木质化。叶大，宽卵形，长 8 ~ 12cm，叶基通常歪斜，叶缘有不规则波状或浅疏。花单生于枝分叉处或叶腋，直立向上，花冠漏斗形，长 6 ~ 10cm，筒部淡绿色，上部白或晕茄紫色。蒴果卵状，外被硬棘刺，偶有无刺变异。蓟州区在公园、小区绿化中有栽植。

碧冬茄 *Petunia hybrida*

茄科 Solanaceae

又名灵芝牡丹、矮牵牛、矮喇叭、番薯花。多年生草本，高20～45cm。茎匍地生长。叶质柔软，卵形互生，上部叶对生。花单生，花冠漏斗状，重瓣花球形，或有皱褶、卷边、重瓣等型；花期4月至霜降。蒴果，种子细小。蓟州区道路、公园、小区绿地广泛应用。

虞美人 *Papaver rhoeas*

🏵 罂粟科 Papaveraceae

又名丽春花、赛牡丹。一年生草本。茎细长，高 30 ～ 60cm，全株被疏毛。花瓣薄而具光泽，似绢，色有白、粉、红等深浅变化，或具不同颜色的边缘，轻盈柔美，花期春夏。蓟州区公园、篱旁路边有条植和片植。

美女樱 *Verbena hybrida*

马鞭草科 Verbenaceae

又名草五色梅、铺地锦。一、二年生草本植物，全株有细绒毛，植株丛生而铺覆地面，株高 10 ~ 50cm。茎四棱。叶对生，深绿色。穗状花序顶生，密集呈伞房状，花小而密集，有白色、粉色、红色、复色等，具芳香。蓟州区有栽植。

诸葛菜 *Orychophragmus violaceus*

十字花科 Brassicaceae

又名菜子花、二月兰。一年或二年生草本，株高 10～50cm。茎单一，直立。叶形变化大，基生叶和下部茎生叶大头羽状分裂，顶裂片近圆形或卵形。花紫色或白色，从下到上陆续开放，2～6月开花不绝。长角果，种子卵形至长圆形，5～6月成熟。蓟州区有成片种植。

华北耧斗菜 *Aquilegia yabeana*

毛茛科 Ranunculaceae

又名五铃花、紫霞耧斗。多年生宿根草本。根圆柱形。茎高 40 ~ 60cm，上部分枝。基生叶数个，小叶菱状倒卵形或宽菱形。花序有少数花，苞片狭长圆形，花下垂，萼片紫色，狭卵形，花瓣紫色，5 ~ 6 月开花。种子黑色，狭卵球形。蓟州区有零星栽植。

白头翁 *Pulsatilla chinensis*

毛莨科 Ranunculaceae

多年生草本植物，植株高 15～35cm。根状茎。基生叶通常在开花时刚刚生出，有长柄，叶片宽卵形。花直径 3～4cm，萼片 6，瓣状紫色，卵状长圆形，4～5 月开花，花柱丝状，密被白色长毛。果期 6～7 月。蓟州区公园和居民小区有栽植。

射干 *Belamcanda chinensis*

鸢尾科 Iridaceae

又名乌扇、鬼扇、凤翼。多年生直立草本，高 50 ～ 120cm。根状茎为不规则的块状、鲜黄色；茎直立，实心。叶剑形，扁平，互生。花柱圆柱形，胚珠多数；花橘黄色而具有暗红色斑点，直径 3 ～ 5cm。蒴果倒卵形，黄绿色；种子近球形，黑紫色，有光泽。花期 7 ～ 9 月，果期 8 ～ 10 月。蓟州区有片植。

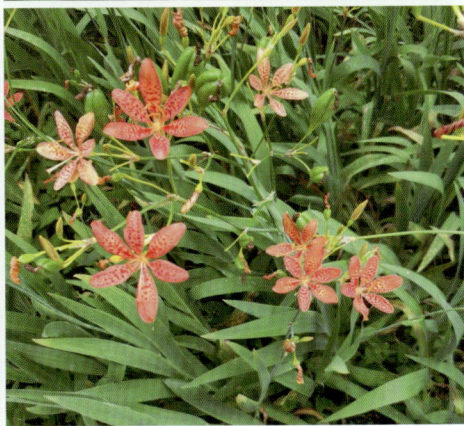

马蔺草 *Iris ensata*

🏷️ 鸢尾科 Iridaceae

　　又名马莲、马兰、马兰花。多年生密丛草本宿根植物。根状茎粗壮，木质，斜伸、须根粗而长，高约 30cm。叶宽 6～7mm。花葶高 20～30cm，花茎光滑，高 3～10cm；花浅蓝色、蓝色、蓝紫色。蒴果长椭圆状柱形；种子为不规则的多面体，棕褐色，略有光泽。花期 5～7 月，果期 6～9 月。蓟州区有连片栽植。

鸢尾 *Iris tectorum*

鸢尾科 Iridaceae

　　又名爱丽丝。多年生草本。有块茎或匍匐状根茎。叶剑形，多基生，嵌叠状，大多数的种类只有花茎而无明显的地上茎。花茎自叶丛中抽出，膜质或草质。花较大，有蓝紫色、紫色、红紫色、黄色、白色。花期4～6月。果期6～8月。蓟州区栽植较多。

锦团石竹 *Dianthus chinensis* 'Heddewigii'

石竹科 Caryophyllaceae

多年生草本，株高 20 ～ 30cm。矮生品种茎光滑多分枝。叶对生，线状披针形。花单生，粉、红、紫红、白或复色，单瓣或重瓣，盛开时节花团锦簇、七彩斑斓、有芳香；花期 4 ～ 10 月。蒴果矩圆形；种子扁圆形，黑褐色。蓟州区有成片栽植。

常夏石竹 *Dianthus plumarius*

石竹科 Caryophyllaceae

又名地被石竹、羽裂石竹。高 30cm；茎蔓状簇生。叶厚灰绿色，长线形。花 2 至 3 朵顶生枝端，花色有紫、粉红、白色，具芳香；花期 5～10 月。蓟州区有栽植。

荷兰菊 *Aster novi-belgii*

菊科 Asteraceae

又名纽约紫菀。多年生草本宿根花卉，株高 60 ～ 100cm，有地下走茎，茎丛生、多分枝，叶呈线状披针形，在枝顶形成伞状花序，花蓝紫色，花期为 10 月。蓟州区有成片栽植。

地被菊 *Chrysanthemum morifolium*

菊科 Asteraceae

多年生宿根草本花卉，属短日照植物，它植株低矮、株形紧凑，枝叶繁茂，冠形丰满，花色丰富，花朵繁多，自然成型。新品种群有'美矮黄''落金钱''金不换''新红''醉西施''梦幻'等，颜色有红色、紫色；8～9月形成花蕾，9～10月陆续开花。蓟州区广泛应用。

金鸡菊 *Coreopsis drummondii*

菊科 Asteraceae

又名小波斯菊、金钱菊、孔雀菊。多年生宿根草本，株高 30 ~ 60cm，茎生叶，叶片多对生。花金黄色、杏黄色，二年生的金鸡菊，早春 5 月底 6 月初开花，一直开到 10 月中旬。蓟州区作为地被花卉与其他颜色花卉相配备，多为成片栽种。

松果菊 *Echinacea purpurea*

菊科 Asteraceae

又名紫锥花、紫锥菊。多年生草本宿根植物，株高 50 ~ 150cm，茎直立；基生叶卵形或三角形，茎生叶卵状披针形，叶柄基部稍抱茎；头状花序单生于枝顶，或多聚生，花径达 10cm，舌状花紫红色，管状花橙黄色，花色有紫花、白花等。花期 6 ~ 7 月。蓟州区有栽植。

天人菊 *Gaillardia pulchella*

菊科 Asteraceae

又名虎皮菊。一年生或多年生草本，植株高 20～60cm，茎直立。叶互生，或叶全部基生，叶子呈细长形。花茎长而直立；头状花序，花为黄红双色，少数为金黄色。种子随风飘散，落地生长。花期 7～10 月，果熟期 8～10 月。蓟州区有广泛栽植。

黑心菊 *Rudbeckia hirta*

菊科 Asteraceae

又名黑心金光菊、黑眼菊。多年生草本，枝叶粗糙，全株被毛，近根出叶，上部叶互生，叶匙形及阔披针形，头状花序，呈半球形。花心隆起，紫褐色，周边瓣状小花金黄色、红色等，花期自初夏至降霜。栽培变种有桐棕、栗褐色，重瓣和半重瓣类型，花期 5～9 月。蓟州区多栽植。

蓝花亚麻 *Linum perenne*

亚麻科 Linaceae

又名宿根亚麻。多年生草本花卉，株高 20 ~ 30cm，基部分枝多，丛生；叶互生，浅形至披针形，无叶柄；聚伞花序，顶生或生于上部叶腋，花蓝色，花梗纤细。喜阳光充足、干燥的环境，性强健，耐 -20℃ 低温，较耐干旱，在排水良好及肥沃壤土中生长良好。蓟州区有片状栽植。

紫斑风铃草 *Campanula puncatata*

桔梗科 Campanulaceae

　　又名灯笼花、吊钟花。多年生草本植物，具细长而横走的根状茎，株高 20～100cm，茎直立，粗壮，通常在上部分枝；花顶生于主茎及分枝顶端，下垂，花冠白色，带紫斑，筒状钟形，花期 6～9 月；蒴果半球状倒锥形，种子灰褐色，矩圆状。蓟州区山地丘陵地带多有野生，已被引入庭院小区绿地中栽植。

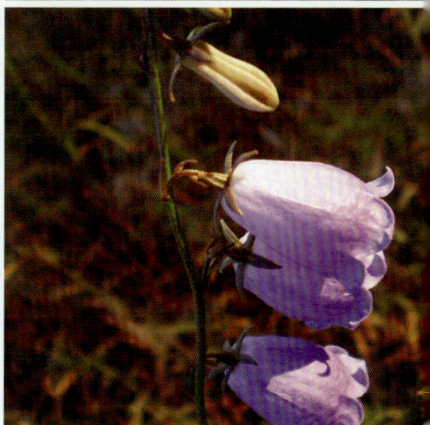

桔梗 *Platycodon grandiflorus*

桔梗科 Campanulaceae

又名僧冠帽、苦根菜。多年生深根性草本植物，其根肥大肉质，茎直立，植株高 50 ～ 100cm；叶对生、轮生或互生，花单朵或二三朵着生于梢头，含苞时如僧帽，开后似铃状；花有紫蓝、翠蓝、净白等多种颜色，多为单瓣，亦有重瓣和半重瓣的。花期 7 ～ 9 月，果期 8 ～ 10 月。蓟州区有成片栽植。

美国薄荷 *Monarda didyma*

唇形科 Lamiaceae

多年生草本，株高 100 ～ 120cm，茎直立，四棱形，叶质薄，对生，芳香，卵形或卵状披针形，背面有柔毛，缘有锯齿。叶轮伞花序密集多花，花筒上部稍膨大，裂片略成二唇形。花朵密集于茎顶，萼细长，花冠紫红色，长 5cm，花期 6 ～ 9 月。蓟州区的公园、居民小区有栽植。

假龙头 *Physostegia virginiana*

唇形科 Lamiaceae

又名随意草、棉铃花、伪龙头。多年生草本植物，具匍匐茎，株高 60 ～ 120cm，茎四方形，叶对生，成株丛生状，穗状花序顶生，唇形花冠，花序自下端往上逐渐绽开。花色有白、深桃红、玫红、雪青、淡红、紫红或斑叶等。花期 7 ～ 9 月；果期 8 ～ 10 月，性强健，地下匍匐茎易生幼苗，栽培 1 株后，常自行繁殖无数幼株。蓟州区有连片栽植。

草地鼠尾草 *Salvia pratensis*

唇形科 Lamiaceae

多年生草本，株高 60～90cm，具块根，茎直立，少分枝，全株被柔毛。基生叶多，长圆状，基部心形；茎生叶少，对生。总状花序，小花 6 朵轮生，花冠亮蓝色，偶有红色或白色，草地鼠尾草的花色很多，从堇紫色、粉红色到纯白色，花期 6～7 月。蓟州区多有栽植。

芍药 *Paeonia lactiflora*

毛莨科 Ranunculaceae

又名将离、离草。宿根草本花卉，具肉质根，茎丛生，高60 ~ 120cm。二回三出羽状复叶，小叶通常三深裂、椭圆形、窄卵形至披针形，绿色、近无毛。花1朵至数朵着生于茎上部顶端，花紫红、粉红、黄或白色，尚有浅绿色品种；花茎13 ~ 18cm，单瓣或重瓣，单瓣花有花瓣5 ~ 10枚，重瓣者多枚；萼片5，离生心皮3 ~ 5个，雄蕊多数，花期4 ~ 5月。蓟州区有成片栽植。

紫露草 *Tradescantia reflexa*
鸭跖草科 Commelinaceae

　　又名紫鸭趾草、紫叶草。多年生草本植物，株高 30 ～ 50cm。茎直立，圆柱形，苍绿色，光滑。叶广线形，苍绿色，稍被白粉，多弯曲，叶面内折，基部鞘状。花蓝紫色多朵簇生枝顶，外被 2 枚长短不等的苞叶。茎 2 ～ 3cm，萼片 3 枚。雄蕊 6 枚，花丝毛念珠状，花期 5 ～ 7 月。蓟州区用作布置花坛，树下丛植或片植。

萱草 *Hemerocallis fulva*

百合科 Liliaceae

　　又名忘忧草。多年草本植物，肉质根状茎。叶基生呈带状排成两列，叶片线形翠绿狭长。基生花葶从中部抽出，螺旋状聚伞花序，每个花絮可着花数十朵；花蕾似簪，开如漏斗，裂片翻卷，为百合形花冠；花色有淡黄、橙红、淡血青、玫瑰红等。蒴果椭圆形，黑褐色，多棱形，有光泽，自然结实率低。花果期6～10月。蓟州区有成片栽植。

玉簪 *Hosta plantaginea*

百合科 Liliaceae

又名白萼、白鹤仙。宿根草本植物，根状茎粗厚，株高约40cm。叶基生成丛，具长柄，叶片卵形至心状卵形。花莛高出叶片，顶生总状花序，着花 9 ~ 15 朵，花白色，筒状漏斗形，有芳香，花果期 8 ~ 10 月。同品种有紫玉簪、花叶玉簪和金边玉簪等。是蓟州区传统的地被花卉。

山麦冬 *Liriope spicata*

百合科 Liliaceae

又名土麦冬、麦门冬、鱼子兰。多年生常绿草本，根状茎粗短，生有许多长而细的须根，其中部膨大成连珠状或纺锤形的肉质小块根。叶丛生，叶柄有膜质鞘，叶片革质，条形。花茎直立，高 15 ~ 30cm，总状花序顶生，花被淡紫色或浅蓝色，长圆形或披针形。浆果球形，熟时蓝黑色。花期 5 ~ 7 月，果期 8 ~ 10 月。蓟州区多有栽植。

福禄考 *Phlox drummondii*

🔖 花葱科 Polemoniaceae

又名草夹竹桃、洋梅花。多年生宿根草本，茎直立，株高 40 ~ 60cm。叶呈十字形对生，上部常呈 3 叶轮生。塔形圆锥花序顶生，花冠呈高脚碟状，色彩丰富，有白、粉、红、蓝、紫色，也有复色。花期 6 ~ 9 月，果熟期 9 ~ 10 月。蓟州区多有栽植。

穗花婆婆纳 *Veronica spicata*

玄参科 Scrophulariaceae

多年生草本植物，株高约 45cm。叶对生，披针形至卵圆形，近无柄，长 5 ～ 20 cm，具锯齿。顶生总状花序，花冠淡蓝紫色，花穗挺拔细长，有蓝、白、粉三种颜色。花期 6 ～ 8 月。蓟州区有栽植。

蜀葵 *Althaea rosea*

🔶 锦葵科 Malvaceae

　　又名熟季花、斗蓬花、秫秸花。多年生宿根大草本植物，植株高可达 2～3m，茎直立挺拔，丛生，不分枝。叶互生，叶片近圆心形或长圆形。花单生或近簇生于叶腋，有时成总状花序排列，单瓣或重瓣；花径 6～12cm，有粉红、红、紫、墨紫、白、黄、水红、乳黄、复色等。果实为蒴果，扁圆形，种子扁圆肾脏形。花期 5～9 月。蓟州区广有栽植。

芙蓉葵 *Hibiscus moscheutos*

锦葵科 Malvaceae

又名草芙蓉、大花秋葵。多年生宿根草本植物，直系根发达，深达 50 ～ 60cm，株高 1 ～ 2m。叶大，花大，花色鲜艳，入冬地上部分枯萎，翌年萌发新枝；花序为总状花序，花由下而上不断开放。一个花序开完之后，下面侧芽萌发顶端形成花序后仍可开花，直到 10 月下旬早霜之后，花期即终止，花期 7 ～ 10 月。蒴果，每果种子 40 ～ 60 粒。蓟州区有栽植。

锦葵 *Malva sinensis*

锦葵科 Malvaceae

又名荆葵、钱葵。二年生或多年生直立草本，株高 50～90cm，分枝多，疏被粗毛。叶互生，叶柄长 4～8cm，近无毛，叶圆心形或肾形，具 5-7 圆齿状钝裂片，长 5～12cm。花 3～11 朵簇生，花梗长 1～2cm，无毛或疏被粗毛，萼杯状，长 6～7mm，萼裂片 5 枚。宽三角形；花紫红色或白色，直径 3.5～4cm，花瓣 5 枚。果扁圆形，径 5～7mm，种子黑褐色，肾形，长 2mm。花期 5～10月。蓟州区栽植较多。

商陆 *Phytolacca acinosa*

商陆科 Phytolaccaceae

又名山萝卜、红人参。多年生粗壮草本，株高 70 ～ 100cm，全株无毛，根肥厚，肉质，圆锥形。叶卵圆形，全缘。夏秋开花，花初白色，后变淡红色，总状花序顶生或侧生。浆果扁球形，紫黑色，果序直立。花期6～8月，果期8～10月。蓟州区城区有栽植。

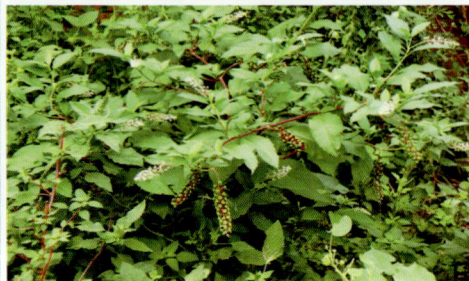

藤三七 *Anredera cordifolia*

落葵科 Basellaceae

又名洋落葵。多年生宿根蔓生植物，光滑无毛，植株基部簇生肉质根茎，常隆起裸露地面，根茎及其分枝具顶芽和螺旋状着生的侧芽一年的新梢可长达 4～5m 以上，茎圆形，嫩茎绿色，老熟茎变成棕褐色。叶互生，肉质肥厚，叶片心脏形。总状花序白色，花数十朵至 200 余朵，久不脱落，花期从 6 月起可开放半年。蓟州区有引种栽培。

八宝景天 *Hylotelephium erythrostictum*

景天科 Crassulaceae

又名蝎子草、华丽景天。多年生肉质草本植物，地下茎肥厚，地上茎簇生，粗壮而直立，茎高 30 ～ 50cm，麦秆色或者紫红色疏生蛰毛和细糙伏，全株略被白粉，呈灰绿色；叶轮生或对生，倒卵形，肉质，具波状齿。伞房花序密集如平头状，花序径 10 ～ 13cm，花淡粉红色。花期 7 ～ 8 月，果期 8 ～ 9 月。蓟州区广泛栽植。

费菜 *Phedimus aizoon*

🔶 景天科 Crassulaceae

多年生草本，株高 20 ～ 50cm。根状茎直立。叶片互生，近革质，椭圆状披针形至卵状倒披针形。聚伞花序顶生，花密生，黄色，花期 6 ～ 7 月。蓇葖果五角星状，果期 8 ～ 9 月。株丛茂密，枝翠叶绿，花色金黄，秋季茎叶变红，是蓟州区绿化的优良花卉。

凤尾兰 *Yucca gloriosa*

石蒜科 Amaryllidaceae

又名菠萝花。常绿宿根植物。叶刚直，肉质，剑形，多集生茎端，略有白粉，长 60 ～ 75cm，宽约 5cm，挺直不下垂；叶质尖硬，全缘，老时疏有纤维丝。圆锥花序粗壮，长 1m 以上，花杯状，下垂，乳白色，常有紫晕；花被片 6 枚，离生或基部连。蒴果椭圆状卵形，不开裂，常不结果。花期 5 ～ 10 月。蓟州区的公园、庭院、路旁绿地均有栽植。

紫花地丁 *Viola philippica*

菫菜科 Violaceae

又名野菫菜、光瓣菫菜。多年生草本，无地上茎，株高4～14cm。叶片下部呈三角状卵形或狭卵形，上部者较长，呈长圆形、狭卵状披针形或长圆状卵形。花中等大，菫紫色或淡紫色，稀呈白色，喉部色较淡并带有紫色条纹。蒴果长圆形，种子卵球形，淡黄色。花果期4月中下旬至9月。蓟州区有连片种植。

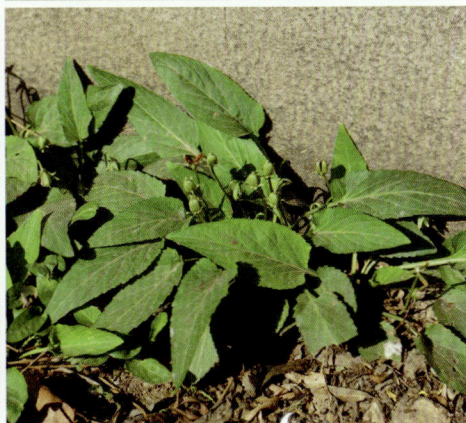

紫花苜蓿 *Medicago sativa*

豆科 Leguminosae

又名紫苜蓿、牧蓿。多年生草本植物，株高 1m 左右，株形半直立，轴根型，扎根很深。单株分枝多，茎细而密。叶片小而厚，叶色浓绿。花深紫色，花序紧凑。荚果暗褐色，种子肾形。抗逆性强，适应范围广，能生长在多种类型的气候、土壤环境下。蓟州区有成片栽植。

荷包牡丹 *Dicentra spectabilis*

罂粟科 Papaveraceae

又名荷包花、蒲包花。多年生草本花卉，地下有粗壮的根状茎，株高 30 ~ 60cm。叶对生，有长柄，三出羽状复叶，小叶倒卵形，有缺刻，基部楔形，似牡丹的叶。总状花序，有小花数朵至10 余朵，着生于枝顶下弯呈拱状生长的细长总梗上的一侧，花瓣4 片，交叉排列为内外两层；内层两瓣粉白色，从外瓣内伸出，包被在雄雌蕊外，花期 4 ~ 6 月。蓟州区公园树丛、草地边缘湿润处丛植。

酢浆草 *Oxalis corniculata*

酢浆草科 Oxalidaceae

又名酸浆草、三叶酸。多年生多枝草本，全株被疏柔毛，茎常平卧，柔弱，节上生不定根。复叶互生，叶柄细长，小叶 3 枚，倒心脏形。伞形花序腋生，由 1 至数朵花组成，总花梗与叶柄等长；花黄色，较小。蒴果近圆柱形，被短柔毛。蓟州区绿化较多使用。

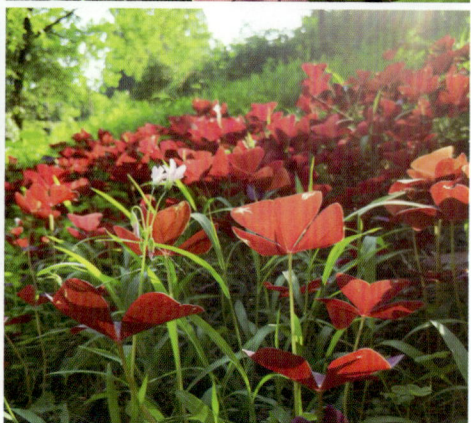

美人蕉 *Canna indica*
美人蕉科 Cannaceae

又名兰蕉、大花美人蕉、红艳蕉。多年生草本，株高 1～2m，有粗壮的根状茎，植株全部绿色。叶片卵状长圆形。总状花序疏花，略超出于叶片之上，花红、黄、白或复色，花果期 3～12 月。枝叶茂盛，花大色艳，花期长，开花时正值火热少花的季节，可丰富园林绿化中的色彩和季相变化，美观自然。蓟州区有多年栽培历史，近年来广泛栽植。

大丽花 *Dahlia pinnata*

菊科 Asteraceae

又名大理花、天竺牡丹、西番莲等。多年生草本植物，北方作一年生植物栽植。有巨大棒状块根，茎直立，多分枝，株高1.5～2m，粗壮；羽状叶卵形或长圆状卵形，头状花序大，有长花序梗，有菊形、莲形、芍药形、蟹爪形等花形；颜色不仅有红、黄、橙、紫、淡红和白色等单色，还有多种更为绚丽的色。从夏到秋，连续开花，每朵花可延续开放1个月，花期持续半年。蓟州区有大片群植。

百合 *Lilium brownii* var. *viridulum*

百合科 Liliaceae

又名强瞿、番韭、山丹。多年生球根草本花卉，株高40～60cm，地下具鳞茎球形，白色或淡黄色，先端常开放如莲座状，由多数肉质肥厚、卵匙形的鳞片聚合而成。茎直立，不分枝，草绿色，茎秆基部带红色或紫褐色斑点；单叶，互生，狭线形，无叶柄，直接包生于茎秆上，叶脉平行；花着生于茎秆顶端，呈总状花序，簇生或单生，花冠较大，长椭圆形蒴果。蓟州区有栽培。

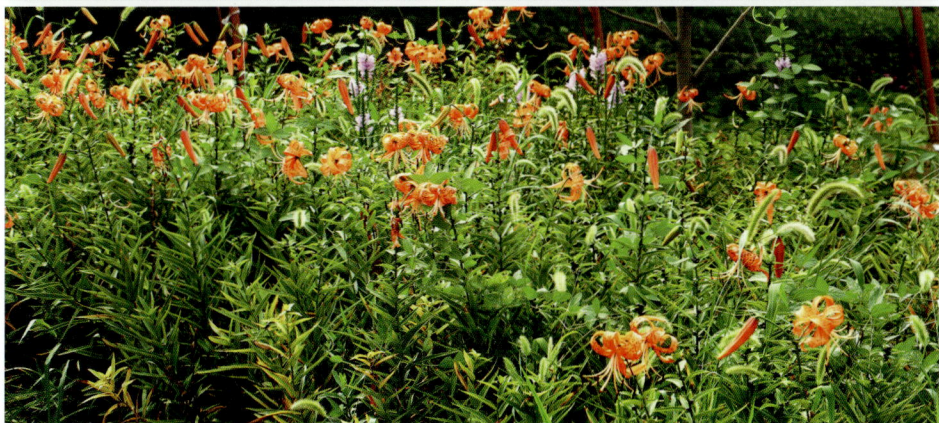

晚香玉 *Polianthes tuberosa*

🔸 石蒜科 Amaryllidaceae

又名夜来香、月下香。多年生球根花卉，地下部分具圆锥状的鳞块茎。叶基生，带状披针形，茎生叶较短。愈向上愈短成苞状；穗状花序顶生，小花成对着生，花白色；漏斗形，端部5裂，筒部细长；花浓香，夜晚香气更浓。花期7月上旬至11月上旬，盛花期则在8～9月间。蒴果球形，种子黑色，扁锥形。蓟州区有种植。

矮蒲苇 *Cortaderia selloana* 'Pumila'

禾本科 Poaceae

多年生草本，株高 120cm。叶聚生于基部，长而狭，边有细齿。圆锥花序大，雌花穗银白色，具光泽，雄穗为宽塔形，疏弱，花期 9 ~ 10 月。蓟州区常用于绿地道边、山石一侧绿化。

细叶芒 *Miscanthus sinensis*

禾本科 Poaceae

多年生草本。叶直立、纤细，顶端呈弓形。顶生圆锥花序，花期 9 ~ 10 月，花色由最初的粉红色渐变为红色，秋季转为银白色。耐半阴，耐旱，也耐涝。蓟州区城区、公园有栽植。

花叶芒 *Miscanthus sinensis* 'Variegatus'

禾本科 Poaceae

多年生草本，具根状茎，丛生，暖季型，株高 1.5 ~ 1.8m，开展度与株高相同。叶片呈拱形向地面弯曲，最后呈喷泉状，叶片长 60 ~ 90cm；叶片浅绿色，有奶白色条纹，条纹与叶片等长。圆锥花序，花序深粉色，花序高于植株，花期 9 ~ 10 月。蓟州区居民小区常将花叶芒草与其他花卉及各色萱草组合搭配种植。

狼尾草 *Pennisetum alopecuroides*

禾本科 Poaceae

又名狗尾巴草、芮草、老鼠狼。多年生植物，须根较粗壮，秆直立，丛生，株高 30 ~ 120cm，在花序下密生柔毛。叶鞘光滑，两侧压扁，主脉呈脊，在基部者跨生状，秆上部者长于节间；叶舌具长约 2.5mm 纤毛，叶片线形，先端长渐尖，基部生疣毛。圆锥花序直立，主轴密生柔毛，总梗长 2 ~ 3mm，刚毛粗糙，淡绿色或紫色，小穗通常单生。蓟州区有人工栽培。

早熟禾 *Poa annua*

禾本科 Poaceae

一年生或冬性禾草，秆直立或倾斜，质软，株高 6～30cm，全体平滑无毛。叶鞘稍压扁，中部以下闭合，叶舌长 1～3mm，圆头；叶片扁平或对折，长 2～12cm，质地柔软，常有横脉纹，顶端急尖呈船形，边缘微粗糙。圆锥花序宽卵形，长 3～7cm，分枝 1～3 枚着生各节，平滑；小穗卵形，含 3～5 小花，绿色。颖果纺锤形。花期 4～5 月，果期 6～7 月。蓟州区广泛应用。

玉带草 *Pratia nummularia*

禾本科 Poaceae

又名吉祥草、瑞草、观音草、松寿兰。多年生宿根草本植物，因其叶扁平、线形、绿色且具白边及条纹，质地柔软，形似玉带，根部粗而多结，秆高 1 ～ 3m，茎部粗壮近木质化；叶片宽条形，抱茎，边缘浅黄色条或白色条纹。圆锥花序，花序形似毛帚。蓟州区多栽植。

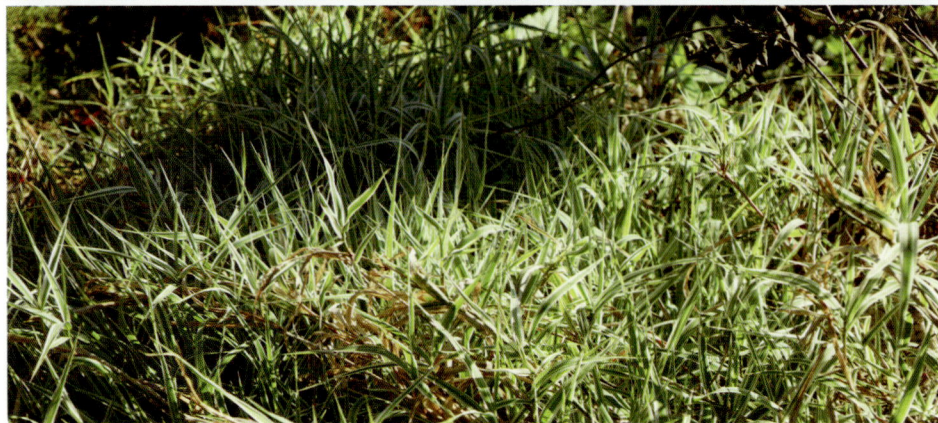

白车轴草 *Trifolium repens*

豆科 Leguminosae

又名白三叶、白花苜蓿、金花草。多年生草本，三小叶着生于长柄顶端，株高 10 ~ 30cm，主根短，侧根和须根发达，茎匍匐蔓生。掌状三出复叶；托叶卵状披针形，总状花序，于夏秋两季不断抽出花序；花序球形，顶生，花冠白色、乳黄色或淡红色，具香气。荚果长圆形，种子通常 3 粒，阔卵形。花果期 5 ~ 10 月。蓟州区广泛种植。

佛甲草 *Sedum lineare*

景天科 Crassulaceae

又名万年草、佛指甲、半枝莲。多年生草本植物，茎高 10 ～ 20cm。3 叶轮生，少有 4 叶轮生，叶线形，长 20 ～ 25mm，宽约 2mm，先端钝尖，茎部无柄。花序聚伞状，顶生，疏生花，花瓣 5，花黄色，披针形，种子小。花期 4 ～ 5 月，果期 6 ～ 7 月。蓟州区有栽植。

其他类

五叶地锦 *Parthenocissus quinquefolia*

葡萄科 Vitaceae

　　又名美国爬山虎。落叶藤本，幼枝带紫红色。卷须与叶对生，5 ～ 12 分枝，顶端吸盘大。掌状复叶，具长柄，小叶 5 枚，质较厚，卵状长椭圆形至倒卵形，长 4 ～ 10cm，先端尖，基部楔形缘具大齿，表面暗绿色，背面稍具白粉并有毛。聚伞花序集成圆锥状，浆果近球形，径约 6mm，成熟时蓝黑色，稍带白粉，具 1 ～ 3 粒种子。花期 7 ～ 8 月，果 9 ～ 10 月成熟。蓟州区常用作垂直绿化材料。

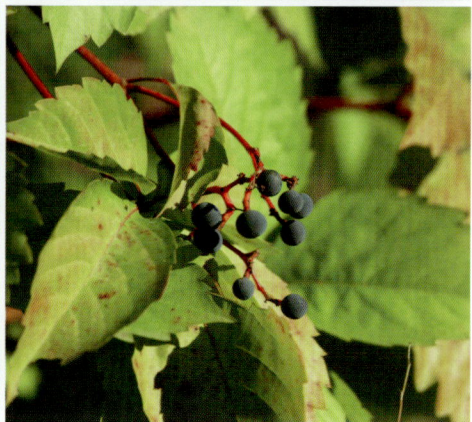

爬山虎 *Parthenocissus tricuspidata*
葡萄科 Vitaceae

又名地锦、爬墙虎。落叶藤本，卷须短而多分枝。叶广卵形，长 8～18cm，通常 3 裂，基部心形，缘有粗齿，表面无毛，背面脉上常有柔毛；幼苗期叶常较小，多不分裂，下部枝的叶有分裂成 3 小叶者。聚伞花序通常生于短枝顶端两叶之间，花淡黄绿色。浆果球形，径 6～8mm，熟时蓝黑色，有白粉。花期 6 月，果 10 月成熟。蓟州区常用作垂直绿化材料。

美国凌霄 *Campsis radicans*

紫葳科 Bignoniaceae

又名美洲凌霄、洋凌霄。藤本，长达 10m。小叶 9 ~ 13，椭圆形至卵状长圆形，长 3 ~ 6cm，叶轴及叶背均生短柔毛，缘疏生 4 ~ 5 粗锯齿。花数朵集生成短圆锥花序，萼片裂较浅，深约 1/3，花冠筒状漏斗形，较本地凌霄为小，径约 4cm，通常外面橘红色。蒴果筒状长圆形，先端尖。花期 6 ~ 8 月，果 9 ~ 10 月成熟。蓟州区常用于棚架、花门、墙垣、石壁绿化。

葛藤 *Argyreia seguinii*

🔺 豆科 Leguminosae

又名白花银背藤、野葛、葛条。藤本，高达 3m，茎圆柱形、被短绒毛。叶互生，宽卵形，长 10 ~ 13cm，宽 5.5 ~ 12cm，先端锐尖或渐尖，基部圆形或微心形，叶面无毛，背面被灰白色绒毛，侧脉多数，平行，在叶背面突起，叶柄长 4 ~ 8cm。聚伞花序腋生，花穗紫色，花冠管状漏斗形。蓟州区多有栽植。

紫藤 *Wisteria sinensis*
🔺 豆科 *Leguminosae*

又名藤萝。落叶藤本，茎枝为左旋性。枝较粗壮，嫩枝被白色柔毛。小叶 7 ～ 13，卵状长圆形至卵状披针形，叶基阔楔形。总状花序长 15 ～ 25cm，苞片披针形，花蓝紫色，小花柄长 1 ～ 2cm。荚果倒披针形，长 10 ～ 25cm，悬垂枝上不脱落，有种子 1 ～ 3 粒，种子褐色，具光泽，扁圆形。花期 4 月中旬至 5 月上旬，果期 5 ～ 8 月。蓟州区有栽培。

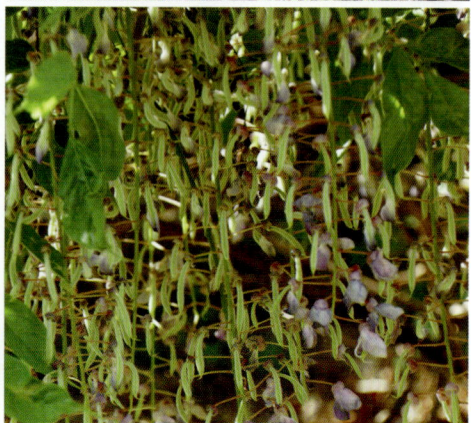

金银花 *Lonicera japonica*

忍冬科 Caprifoliaceae

又名忍冬、金银藤。藤本，长可达9m。枝细长中空，皮棕褐色。叶卵形或椭圆状卵形，长3～8cm，幼时两面具柔毛，老后光滑。花成对腋生，苞片叶状，萼筒无毛，花冠二唇形，花冠筒与裂片等长，初开为白色略带紫晕，后传黄色，芳香。浆果球形，直径6～7mm，熟时蓝黑色，有光泽，种子卵圆形或椭圆形。花期5～7月，8～10月果熟。蓟州区常作垂直绿化。

扶芳藤 *Euonymus fortunei*

卫矛科 Celastraceae

又名金线风、络石藤。藤本，长可达 10m。枝密生小瘤状突起。叶薄革质，椭圆形、长卵形，长 2～7cm，基部楔形，表面通常浓绿色，背面脉显著，叶柄长约 5mm。聚伞花序分枝端有多数短梗花组成的球状小聚伞；花白绿色，直径约 4mm，花部 4 数。蒴果近球形，径约 1cm，稍有 4 凹线，黄红色，果皮光滑，种子长方椭圆状，棕褐色。花期 6～7 月，果 10 月成熟。蓟州区有栽植。

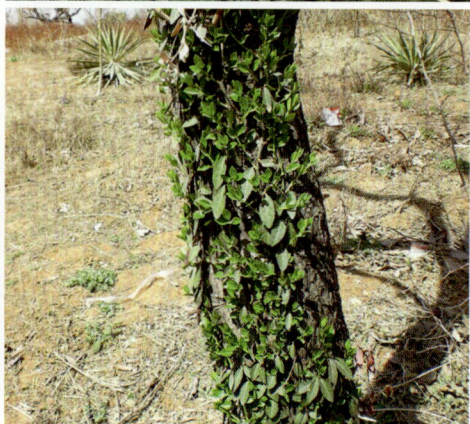

荷花 *Nelumbo nucifera*

莲科 Nelumbonaceae

又名莲花、水芙蓉、藕花。多年生水生草本，根状茎横生，肥厚，节间膨大，内有多数纵行通气孔道，节部缢缩，上生黑色鳞叶，下生须状不定根。荷叶矩圆状椭圆形至卵形，漂浮或伸出水面，直径 25 ~ 90cm。花单生于花梗顶端、高托水面之上，花期 6 ~ 9 月；坚果椭圆形或卵形，熟时黑褐色，种子（莲子）卵形或椭圆形，果期 8 ~ 10 月。蓟州区水域有较大面积栽植。

睡莲 *Nymphaea alba*

睡莲科 Nymphaeaceae

又名子午莲、水芹花、瑞莲。多年生水生花卉，根状茎，粗短。叶丛生，具细长叶柄，浮于水面，低质或近革质，近圆形或卵状椭圆形，直径6～11cm，全缘，无毛，上面浓绿，幼叶有褐色斑纹，下面暗紫色。花单生于细长的花柄顶端，有各种颜色，聚合果球形，内含多数椭圆形黑色小坚果；种子黑色。花期为7～9月，果期8～10月。蓟州区水域有栽植。

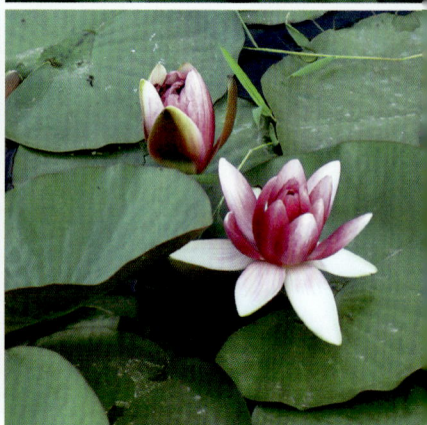

香蒲 *Typha orientalis*

香蒲科 Typhaceae

　　又名东方香蒲、蒲菜、水蜡烛。多年生水生或沼生草本，根状茎乳白色，地上茎粗壮，一般株高 1.5 ～ 2.5m。叶片条形，长 50 ～ 100cm，光滑无毛，上部扁平，下部腹面微凹，横切面呈半圆形，细胞间隙大，叶鞘抱茎。雌雄花序紧密相连，花穗并生，呈棒状，长 10 ～ 20cm，形同蜡烛。小坚果椭圆形至长椭圆形，果皮具长形褐色斑点，种子褐色。花果期 5 ～ 8 月。蓟州区浅水区栽植较多。

凤眼莲 *Eichhornia crassipes*

雨久花科 Pontederiaceae

又名凤眼蓝、水葫芦。浮水草本或根生于泥土中，高30～50cm。茎短，节上生根，具长匍匐枝，与母枝分离后，长成新植株。叶基生，莲座状，叶片卵形，倒卵形至肾圆形；叶柄基部略带紫红色，膨大呈葫芦状的气囊。花莛单生，中部有鞘状苞片，穗状花序有花6～12朵，花被紫蓝色，上部的裂片较大；雄蕊3长3短，长的伸出花外，子房卵圆形。蒴果卵形，花期7～9月。蓟州区有栽植。

雨久花 *Monochoria korsakowii*

雨久花科 Pontederiaceae

又名蓝花菜。直立水生草本，茎直立，高 30 ~ 70cm，全株光滑无毛。基生叶宽卵状心形，长 4 ~ 10cm，宽 3 ~ 8cm，顶端急尖或渐尖，基部心形；叶柄长达 30cm，茎生叶叶柄渐短。总状花序顶生，花 10 余朵，具 5 ~ 10mm 长的花梗；花被片椭圆形，长 10 ~ 14mm，雄蕊 6 枚，花瓣长圆形。蒴果长卵圆形，长 10 ~ 12mm，种子长约 1mm。花期 7 ~ 8 月，果期 9 ~ 10 月。蓟州区常与其他水生植物搭配使用。

水葱 *Scirpus validus*

🌿 莎草科 Cyperaceae

多年生挺水植物。株高 60 ～ 120cm，地下根状匍匐状，秆直立，圆柱形，被白粉而成灰绿色。叶生于茎基部，褐色，退化为鞘状或鳞片状。具伞花序顶生，稍下垂，小穗卵圆形，小花淡黄褐色，下具短苞叶，花期 6 ～ 8 月。蓟州区常将其配植于池边。

慈姑 *Sagittaria trifolia* var. *sinensis*

泽泻科 Alismataceae

又名白地栗、水芋。多年生挺水植物，株高可达 1.2m，地下具根茎，先端形成球茎，球茎表面附薄膜质鳞片。端部有较长的顶芽，叶片着生基部，出水成剑形，叶片箭头状，全缘，叶柄较长，中空，沉水叶多呈线状，花茎直立，多单生或疏分枝。圆锥花序，小花单性，白色，花序上部为雄花，下部为雌花，花期 7～9 月。蓟州区多在岸边绿化工程上使用。

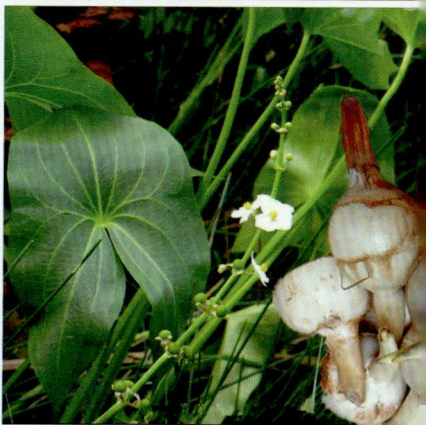

荇菜 *Nymphoides peltatum*

龙胆科 Gentianaceae

又名水荷叶。多年生水生草本，茎圆柱形，多分枝。叶片飘浮，叶柄圆柱形。花梗圆柱形，稍短于叶柄，花萼分裂近基部，花冠金黄色，雄蕊着生于冠筒上，雌蕊长 5～7cm，花柱长 1～2cm，花丝长 3～4cm。蒴果无柄，椭圆形，种子椭圆形，花果期 4～10 月。蓟州区常用于水面绿化。

泽泻 *Alisma plantago-aquatica*

泽泻科 Alismataceae

又名如意花。多年生挺水植物，株高 80 ~ 100cm，地下根茎卵圆形。叶基生，具长叶柄，叶卵状椭圆形，端短尖，草绿色。花茎直立，高 90cm，顶端轮生复总状花序，具苞片，小苞白色带紫红晕或淡红色；花小，白色，伞状排列，花期夏季。蓟州区在库区湿地绿化中使用较多。

野菱 *Trapa incisa*

🌿 菱科 Trapaceae

又名细果野菱、四角刻叶菱。浮生草本植物，茎细长，下部无毛，顶端节处有毛。浮水叶三角状菱形，较小，高 1.6 ~ 2cm，宽 1.4 ~ 1.8cm，叶背密生柔毛，后脱落；叶柄较细，全长 2.5 ~ 3.5cm，叶柄下部毛脱落。萼片长约 4mm，宽约 2mm；花瓣白色，果冠小，直径 3mm，顶端宿存的花柱长约 2mm。果表面有凹凸不平的刻纹，花果期 7 ~ 9 月。蓟州区于桥水库湿地多有使用。

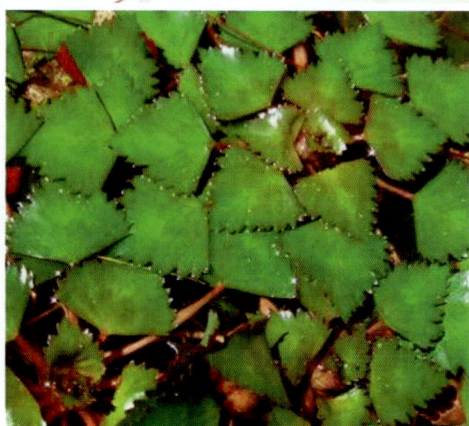

黄菖蒲 *Iris pseudacorus*

鸢尾科 Iridaceae

  又名黄鸢尾、水生鸢尾。多年生宿根草本，株高 60 ~ 100cm，根茎短粗。叶阔带形，端，淡绿色，中肋明显，横向网状脉清晰，易识别。花莛与叶近等高，具 1 ~ 3 分枝，着花 3 ~ 5 朵；花黄至乳白色，垂瓣上部为长椭圆形，基部有褐色斑纹；旗瓣明显小于垂瓣，稍直立，淡黄色，花柱枝黄色，花期 5 ~ 6 月，有大花、深黄色、白色、斑叶及垂瓣品种。蓟州区湖岸边水景有栽植。

千屈菜 *Lythrum salicaria*

千屈菜科 Lythraceae

又名水枝柳、对叶莲。多年生草本，根茎卧于地下，粗壮，茎直立，多分枝，高 30 ~ 100cm，全株青绿色。叶对生或三叶轮生，披针形或阔披针形，长 4 ~ 6 cm，顶端钝形或短尖，基部圆形或心形，全缘，无柄。花组成小聚伞花序，簇生，苞片阔披针形至三角状卵形，萼筒长 5 ~ 8mm，花瓣 6，红紫色或淡紫色，倒披针状长椭圆形，基部楔形，长 7 ~ 8mm。蒴果扁圆形。蓟州区水景绿化中有栽植。

芦苇 *Phragmites australis*

☘ 禾本科 Poaceae

又名苇、芦、芦笋。多年生挺水性草本植物，植株高大，地下有发达的匍匐根状茎。茎秆直立，秆高 1 ~ 3m，节下常生白粉叶鞘圆筒形，叶舌有毛，叶片长线形或长披针形，叶长 15 ~ 45cm。夏秋开花，圆锥花序，顶生，疏散，多成白色，圆锥花序分枝稠密，向斜伸展，花序长 10 ~ 40cm，稍下垂，小穗有小花 4 ~ 7 朵，雌雄同株。蓟州区于桥水库湿地有大面积栽植。

黄槽竹 *Phyllostachys aureosulcata*

🌿 禾本科 Poaceae

　　秆高 3 ~ 6m，径 2 ~ 4cm；新秆有白粉，秆绿色，分枝一侧纵槽呈黄色。箨鞘质地较薄，背部无毛，通常无斑点，上部纵脉明显隆起；箨耳镰形，缘有紫褐色长毛，与箨叶明显相连；箨舌宽短、弧形，边缘缘毛较短；箨叶长三角状披针形，初皱折而后平直。叶片披针形，长 7 ~ 15cm。笋期 4 ~ 5 月。黄槽竹适应性较强，耐 -20℃ 低温，蓟州区有栽植。

早园竹 *Phyllostachys propinqua*

🌿禾本科 *Poaceae*

又名沙竹、桂竹。秆高 8～10m，胸径 5cm 以下；新秆绿色，被以渐变厚的白粉，光滑无毛；老秆淡绿色，节下有白粉圈。箨鞘淡紫褐色或深黄褐色，上部边缘枯焦状；箨叶带状披针形，紫褐色，平直反曲，小枝具叶 2～3 片，带状披针形，长 7～16cm，背面基部有毛，叶舌弧形隆起。笋期 4～6 月。蓟州区广泛栽植。

刚竹 *Phyllostachs sulphurea* 'Viridis'

禾本科 Poaceae

又名櫟竹、胖竹。秆高 10～15m，径 8～10cm，淡绿色。枝下各节无芽，秆环平，但分枝各节则隆起。全秆各节箨环均突起，新竹无毛，微被白粉；老竹仅节下有白粉环。节间具猪皮状皮孔区，秆箨密布褐色斑点或斑块，先端截平，边缘具较粗须毛，无箨耳和繸毛。箨舌紫绿色，箨叶带状披针形，平直、下垂，每小枝有 2～6 片叶，披针形，翠绿色至冬季转黄色。蓟州区栽植较多。

第3章

绿化地方标准

杨树速生丰产栽培技术规程

【杨树速生丰产栽培技术规程（DB12/T 418—2010），天津市质量技术监督局于 2010 年 1 月 8 日发布，2010 年 5 月 1 日实施。】

前　言

本标准附录为规范性附录。

本标准由天津市林业局提出。

起草单位：天津市林业工作站、蓟州区林业局林业科技推广中心。

本标准主要起草人：杜长城、冯宝华、王涛、吴连明、赵宏、张景新、张绍清。

1　范围

本规程制定了杨树速生丰产林培育大、中、小径材及纤维材的品种选择、种苗管理、造林整地的要求。

本规程适用于天津市行政区域内杨树速生丰产林建设。零星栽植、四旁植树而栽植的杨树可参照本规程。

2　规范性文件

下列文件中的条款通过本规范的引用而成为本规范的条款。所示版本均为有效。凡是注明日期的引用文件，其随后所有的修改单（不包括勘误的内容）或修改版均不适用于本规范。然而，鼓励根据本规范达成协议的各方面研究，是否可使用这些文件的最新版本。凡不注明日期的引用文件，其最新版本适用于本规范。

GB/T 15776　造林技术规程

GB 6000—1999　主要造林树种苗木质量分级

GB/T 4285　农药安全使用标准

GB/T 8321　农药合理使用标准（所有部分）

GB 5084—92　农田灌溉水质标准

NY/T 496—2002　肥料合理使用准则

3　术语和定义

下列术语和定义适用于本标准。

3.1 无性系 Clone

由单株树木经无性繁殖产生的所有植株，称无性系。同一无性系具有完全相同的基因型，其遗传特征完全相同。

3.2 品系 Variety

品种和无性系的统称。经过人工选育，能适应一定的自然和栽培条件，遗传性状比较稳定，在产量、品质或形态上符合人类要求的栽培植物群体。

3.3 植苗造林 Seedling planting

植苗造林是用苗木作为造林材料进行造林的方法。适用于绝大多数树种和各种立地条件。

3.4 造林地 Planting site

亦称宜林地，是人工林生存的外界环境。

4 要求

4.1 环境条件

4.1.1 土壤条件

土层在 40 ～ 100cm 均可种植。以轻壤土和沙壤土最好，中壤次之；毛白杨可在较黏重土壤上生长。土壤养分含量较高，有机质含量大于 0.4%。土壤 pH 值 6 ～ 8，土壤含盐量在 0.1% 以下，石砾含量在 20% 以下。地下水位应在 1.5m 左右。

4.1.2 灌溉水质量

灌溉水质量指标应符合表 1 要求。

表 1　农田灌溉水质量指标

项　　　目	指　　　标
氯化物 ,mg/L	≤　250
氰化物 ,mg/L	≤　0.5
氟化物 ,mg/L	≤　3.0
总　汞 ,mg/L	≤　0.001
总　砷 ,mg/L	≤　0.1
总　铅 ,mg/L	≤　0.1
总　镉 ,mg/L	≤　0.005
铬 (六价), mg/L	≤　0.1
石油类，mg/L	≤　10
pH 值	5.5 ～ 8.5

4.2 品种

欧美杨 107、108、2000 系列，廊坊杨、雄性毛白杨（1316、1319）、三倍体毛白杨、窄冠白杨。

5 栽培要求

5.1 造林地选择

根据建筑、纸浆、矿柱、人造板、家具的用材方式。选择立地条件较好的宜林地营造用材林。

5.2 整地

5.2.1 对土壤较为瘠薄的土地，在造林前全面深翻 30 ～ 40cm。

5.2.2 整地方法

采用穴状整地方法，按株行距定点挖穴，穴径和深度均不少于 80cm，表土与底土应分开堆放。

5.3 苗木

选用地径 3.5cm 以上，苗高 400cm 以上；根系相对完整，主根长度达 25cm以上；发育良好，干形通直；无检疫对象，无其他病虫害和机械损伤的一级苗木。

5.4 栽前处理

5.4.1 苗木应随起苗、随分级、随造林，严防风吹日晒。不能立即栽植的，应选背风阴向、土层深厚、排水良好、安全无害的地方进行假植，但其时间不宜过长。

5.4.2 外地调运苗木，从起苗、包装、运输、假植至栽植，整个过程都必须采取保湿措施。

5.5 定植

5.5.1 培育大径材

5.5.1.1 宽行密株栽培

株行距为 400cm×600cm、500cm×600cm，造林密度为每公顷 330 ～ 417 株。可间作农作物，但作物距树木应不小于 40cm。

5.5.1.2 宽窄行栽培

宽行距 1000cm，窄行距 400cm，株距 400cm。

5.5.2 培育中径材

5.5.2.1 宽行密株栽培

株行距为 300cm×400cm、250cm×450cm，造林密度为每公顷 660 ～ 825 株。

可间作农作物，但作物距树木应不小于 40cm。

5.5.2.2 宽窄行栽培

宽行距 700cm，窄行距 300cm，株距 300cm。

5.5.3 培育小径材

5.5.3.1 株行距

株行距为 250cm×400cm、250cm×450cm，造林密度为每公顷 900 ~ 1000 株。可间作农作物，但作物距树木应不小于 40cm。

5.5.3.2 宽行距 600cm，窄行距 300cm，株距 250cm。

5.5.4 培育超短轮伐期（1 ~ 3 年）纤维材

株行距为 50cm×100cm、100cm×100cm、150cm×200cm，造林密度为每公顷 3330 ~ 20000 株。

5.5.5 定植时间

秋植 10 月下旬至 11 月上旬落叶前；春植 4 月上旬发芽前。

5.5.6 定植方法

栽植前要将苗木根系浸泡在活水中 1 ~ 2d 后方可栽植。按规划挖 80cm×80cm 的定植穴，放入苗木后，覆土提苗，踩实，浇足水，再覆土与地面相平。

5.6 林农间作

杨树速生丰产林，可实行林农间作。利用农作物的耕作、施肥和灌溉，改善杨树的生长条件。间种作物以豆类、花生和绿肥等为主，不得间作高秆、攀藤作物。

套种方式：前 3 年间作花生或豆类，4 ~ 5 年间种牧草、药材或绿肥，第 6 年树木间伐后，继续套种花生或豆类两年，第 8 年开始套种耐阴牧草或绿肥直到采伐。

5.7 扶苗培土紧苑

新栽植的杨树苗，当年春季风雨过后，常出现穴土下沉，苗木歪斜，苗苑部形成空隙，为提高栽植成活率，促进杨苗生长，应及时进行扶苗培土紧苑抚育。

5.8 肥水管理

5.8.1 灌水排渍

苗木定植后，一次浇足定根水，株均 50kg 以上。每年灌水要不少于 4 次，即 3 月中旬树木发芽前灌一次；5 月上旬灌一次，以促进枝叶生长；6 月下旬灌一次，11 月上旬灌一次。干旱时要勤灌，降雨量大时可免灌；地势低洼的林地，雨季要注意排水。

5.8.2 施肥

5.8.2.1 施肥原则

以施有机肥为主，依据树体需要配合施用速效化肥和微生物肥以不对环境和产品造成污染为原则。

5.8.2.2 基肥

在造林前每公顷施土杂肥 22500kg，过磷酸钙 750kg 左右。混合后，均匀施入挖好的树穴内根系栽植深度的范围。

5.8.2.3 追肥

追肥以 N 肥为主，配施 P、K 肥。造林当年 5 月下旬每株追施尿素养 0.1kg，距离树 35cm 左右挖环状均匀埋施，第二年 4 月下旬或 5 月上旬，每株追施尿素养 0.2kg，复合肥 0.1kg，距离树干 35cm 左右挖环状均匀埋施，第三年及以后，追肥时间、追肥方法、追肥量同第二年，追肥距离树干 50 ~ 60cm。并施农家肥 3 ~ 5kg。

5.9 整形修剪

5.9.1 整形

第一年后，修去主枝竞争的侧枝及下部少数侧枝；第二、第三年修去粗大的竞争枝，修去少数下部侧枝；每四年以后反复修枝，直到形成 600cm 实长光洁干材。

5.9.2 修枝

1 ~ 3 年，少量修剪。4 ~ 5 年，修剪到树高 1/3 处。6 年以后，修枝到树高 1/3 ~ 1/2 处，到 600cm 为止。修枝以后，下部主干上再萌发的新枝，要及时剪去。

5.9.3 修剪方法

修剪应在秋冬季杨树生长停止时进行，要紧贴树干进行修剪，剪口要平滑，不能留茬或撕伤树皮。

5.10 中耕除草

新造幼林地，前三年每年中耕抚育二次，在 5 月底或 6 月初进行第一次中耕；第二次中耕在秋末冬初进行，中耕时近树蔸浅耕。

5.11 病虫害防治

5.11.1 主要病虫害种类

主要病害：杨树溃疡病。

主要虫害：杨尺蠖、草履蚧、杨扇舟蛾、天牛。

5.11.2 防治原则

坚持"预防为主、综合防治"的植保方针，以采用营林措施、生物防治和物理防治为主，化学防治为辅。

5.11.3 防治方法

5.11.3.1 农业防治

适地适树，营造混交林。可选用泡桐、刺槐、臭椿、香椿、合欢、楸树及大枣、苹果、梨等与杨树进行块状混交或带状隔离，造林用苗选用抗虫性强的良种壮苗。加强抚育管理，及时开展中耕、松土、除草、施肥，并在适宜季节修枝抚育，增强树势，提高林分自身抗御病虫害能力。

5.11.3.2 物理防治

在害虫越冬（越夏）期间，人工收集地下落叶或翻耕土壤，摘除卵块、虫苞或虫茧，可以减少越冬（越夏）害虫基数、减少害虫数量；成虫羽化盛期，可以在林间悬挂杀虫灯（黑光灯）或在林缘点燃火堆诱杀成虫。

5.11.3.3 生物防治

生物防治虫害发生面积较大时，可在害虫产卵初期释放周氏啮小蜂、舟蛾赤眼蜂进行天敌防治。或在林间悬挂鸟巢。或采用背负式机动喷雾喷粉机、担架式机动喷雾器喷洒 25% 灭幼脲Ⅲ号 2000 倍液进行地面喷雾防治。对有一定郁闭度的路林、林网、片林，可采用背负式机动喷粉机喷施森得保粉剂进行防治。对于大面积集中连片发生的可采用 25% 灭幼脲Ⅲ号 600g/hm² 超低量飞防。

5.11.3.4 化学防治

对树高在 12m 以下中幼龄林可采用地面喷烟或放烟防治，适宜在 3 龄幼虫期前，采用担架式、背负式机动喷雾机或车载机喷施 80% 敌百虫 800 倍液等高效低毒环保的化学药剂进行防治。对有一定郁闭度的路林、林网、片林，可采用 6HY、OR 系列烟雾机喷施有触杀性、胃毒性或熏蒸性的乳油或油剂进行喷烟防治，药剂与柴油混合比例 1：10；或采用林丹烟剂、敌马烟剂进行放烟防治，烟剂用量 1kg/667m²。

5.11.3.5 禁止使用的化学农药。

6 合理采伐

6.1 间伐

造林密度超过 30 株 /667m² 的林地，生长期达到 5 年后，应根据不同情况和不同立地条件进行间伐。

6.2 主伐

生长期达到 10 年以上时进行主伐。

杨树育苗技术规程

【杨树育苗技术规程（DB12/T 420—2010），天津市质量技术监督局于2010年1月8日发布，2010年5月1日实施。】

前　言

本标准编的附录A、附录B为规范性附录。

本标准由天津市林业局提出。

标准起草单位：天津市林业工作站、蓟州区国营苗圃。

本标准起草人：杜长城、王贺、王景利、康军、冯宝华、刘长伟、张爱东。

1　范围

本规程规定了杨树育苗的术语和定义、育苗方法、抚育管理、苗木出圃及运输要求。

本规程适用于天津市行政区域内杨树的露地苗木生产。

2　规范性引用文件

下列文件中的条款通过本规范的引用而成为本规范的条款。所示版本均为有效。凡是注明日期的引用文件，其随后所有的修改单（不包括勘误的内容）或修改版均不适用于本规范。然而，鼓励根据本规范达成协议的各方面研究，是否可使用这些文件的最新版本。凡不注明日期的引用文件，其最新版本适用于本规范。

GB/T　6001—1985　育苗技术规程

GB/T　4285　农药安全使用标准

NY/T　394　绿色食品肥料使用准则

条例　1992年5月13日　　植物检疫条例

3　术语和定义

3.1 扦插繁殖 Cuttage

扦插繁殖是以植物营养器官的一部分如根、茎，在一定的条件下插入土、砂或其他基质中，利用植物的再生能力，使这部分营养器官在脱离母体的情况下，长出所缺少的其他部分，成为一个完整的新植株。

3.2 一条鞭芽接 Bud grafting on one stem

"一条鞭"芽接，是指用一年生小美旱、加杨等品种苗木作砧木，用芽接的办法，从下至上在苗木植株上距20cm左右嫁接一个新品种接芽。

3.3 雌雄异株 Dioecism

指在具有单性花的种子植物中，雌花与雄花分别生长在不同的株体上。

4 育苗地要求

4.1 交通及设施

育苗地应设在交通方便，劳力充足，有水源、电源的地方。面积大小，根据培育苗木的数量决定。

4.2 排灌水及土壤

选择地势平坦排水良好，地下水位最高不超过1.5m，土层厚一般不少于50cm，微酸性至微碱性的沙壤土、壤土或粘壤土做圃地。

5 育苗

5.1 播种育苗

5.1.1 种子的采集

杨树是雌雄异株树种，采种前要做好母树调查登记，在种子成熟期方可采种。杨树在4月开花，5月下旬至6月上旬果实成熟，当果皮由绿变黄、部分蒴果裂嘴吐露白絮时采收果实，放在室内阴干，然后抖落种子，过筛、去杂物，种子含水量降到4%～5%时贮存。

5.1.2 整地施肥

要细致平坦，上埴下实。结合整地施腐熟农家肥1500～2000kg/667m^2，肥料使用按NY/T 394要求执行。育苗床的床面高于步道10～20cm，床面宽100～120cm，步道宽30cm，苗床的长短应依照播种面积和灌排水作业确定。

5.1.3 播种时期

5月下旬至6月上旬种子调制出来后即可播种。

5.1.4 播种量

种粒饱满，重量为0.3～0.6g，发芽率达80%～90%以上，发芽势在50%～60%以上，种子纯度90%，每公顷播种量15kg。

5.1.5 播种方法

采用条播，把种子混入一定比例细沙，种、沙混拌均匀。在播种前，床面喷水；播种后，覆土，用细眼筛薄薄地筛一层土，约 1mm。播种后也可以不覆土，而覆草。并少量喷水，保持床面表土湿润，3d 即可出苗木。

5.1.6 苗期管理

5.1.6.1 幼苗长出 5 ~ 7 片叶时，适当减少浇水次数，增加浇水量。

5.1.6.2 松土除草。当幼苗生出侧根后，可以进行松土除草，每年 6 ~ 8 次。结合除草用松土器松土。

5.1.6.3 追肥。生长期追施速效氮肥，生长后期追速效钾肥，促进苗木木质化。

5.1.6.4 间苗补苗。当苗高 2 ~ 3cm 时，进行第一次间苗，5 ~ 10cm 时，进行第二次间苗定苗。每平方米保留 50 ~ 80 株。

5.1.6.5 防治病虫害。

5.2 扦插育苗

5.2.1 种条选择

从采穗圃中的良种母株上采集生长健壮、充分木质化和无病虫害的枝条做插条，或采用一年生苗木中生长健壮、充分木质化和无病虫害的茎干作插穗。扦插在秋季落叶后到春季萌动前进行。

5.2.2 截制插穗

截取枝条中下部粗度 0.8 ~ 2.5cm 枝段作插穗，插穗长度 15 ~ 20cm，插穗上至少有 2 个节间。截制插穗的刀具要锋利，要求做到切口平滑、不破皮、不劈裂、不伤芽，上切口距芽 1 ~ 2cm，下切口距芽 0.5cm 左右。截制好的插穗要按粗细分级，每 50 ~ 100 支捆成 1 捆，上下端不能颠倒，在 0℃ 条件下湿沙埋藏。

5.2.3 整地

育苗地应全面翻耕，深度 20 ~ 25cm。结合整地施腐熟农家肥 1500 ~ 2000kg、磷酸二氨 30kg/667m^2，肥料使用按 NY/T 394 执行。

5.2.4 扦插时间

春季 3 月中下旬，土壤解冻后即可扦插。

5.2.5 扦插方法

在扦插前覆盖地膜。扦插时要注意插穗上下端，不能倒插，扦插深度以地上部露 1 个芽为宜。可用干树枝、铁条等先在插床穿孔，再插入插穗，穿孔深度应比插穗浅一些。扦插株行距为 40 ~ 50cm×70 ~ 80cm。以培养插穗为目的的株距为 20cm。

5.2.6 管理

5.2.6.1 灌水

扦插后，圃地应立即灌水，以后每隔 5 ~ 10 天灌 1 次水，灌水 2 ~ 3 次。

5.2.6.2 除萌及抹芽

在插条苗成活后，应及时新梢，培养苗干，除掉基部多余的萌生枝。随着插条苗的生长，及时抹除苗干下部的侧芽和嫩枝。

5.2.6.3 中耕除草

人工除草在地面湿润时连根拔除。使用除草剂灭草，要先试验后使用。在灌溉和降雨后，及时进行中耕。

5.2.6.4 病虫害防治

5.3 埋条育苗

5.3.1 种条的选择

选取一年生、根径粗 2cm 左右健壮植株的苗干或全株作种条，截去枝条梢端生长发育不充实的部分。

5.3.2 埋条时间

3 月下旬或 4 月上旬。

5.3.3 育苗方式

采取低床育苗，苗床宽 2.5 ~ 3m，长度视土地而定。

5.3.4 埋条方式

顺床开沟，沟深 15cm 以内，将种条梢端交叉相对或将两根种条根梢相对重叠，平放在沟中，覆土厚度 1cm。沟间距为 80 ~ 90cm。

5.3.5 埋条苗管理

5.3.5.1 灌水

幼苗出土前通过垄沟灌水，灌水后对外露的种条应及时覆土，待苗木出土后再进行苗床灌溉。

5.3.5.2 培土及分株

当苗高达 10cm 时，在基部培土促进生根。当苗高达 50cm 后，按株断开种条，促进自根发育。

5.3.5.3 中耕除草（同扦插苗）

5.3.5.4 病虫害防治

5.4 嫁接育苗

5.4.1 枝接

5.4.1.1 嫁接时间

苗木落叶后到翌年春季发芽前都可以嫁接，以冬季为好。

5.4.1.2 砧木和接穗采集

砧木选择小美旱、加杨；接穗选择适宜的优良无性系。砧木和接穗应选当年生的枝条。采条时间以 11 月下旬至 12 月上中旬为宜。采条后应及时沙藏，保持水分。

5.4.1.3 嫁接方法

砧木粗度 1.5 ～ 2cm，截成 10 ～ 12cm 长；接穗粗度 0.5 ～ 0.7cm，其上应有 4 ～ 5 个饱满芽。在接穗下边 1 个芽的两侧，削成双边斜面，外宽内窄，斜面长 2cm 左右。视接穗而选择砧木，在顶端一侧斜削一刀至中心线，劈口深 3cm 左右；把削好的接穗插入劈口内，对准形成层，挤紧接穗，用塑料条缚紧。

5.4.1.4 贮藏

把嫁接好的插条，每 50 ～ 100 根捆成 1 捆进行贮藏。贮藏温度以 0 ～ 5℃ 为宜。

5.4.2 "一条鞭"芽接

5.4.2.1 砧木和接穗的选择：以当年生粗 1 ～ 2cm 的小美旱、加杨为砧木；以优良无性系枝条中部生长健壮、发育饱满的芽作接芽。

5.4.2.2 嫁接时间 5 月中旬至 9 月上中旬均可，以 8 月上旬至 9 月中旬为宜。

5.4.2.3 接穗采集与制备 接穗应随时嫁接随时采集。接穗可制成三角形或方形接芽，接穗芽上方应留 1cm，三角形接芽高约 1.5cm，方形接芽高约 2cm。

5.4.2.4 方法及部位 选择饱满腋芽，由芽下方 1cm 上斜削，再在芽下方 1cm 处横切一刀，将芽取下，用 "T" 字形芽接法进行嫁接。第一个芽接在砧木的基部近地表处，以后每隔 20cm 接 1 个芽；一直到砧木粗度小于 1cm 处。

5.4.2.5 检查成活率及松除捆扎物 芽接后 1 个月左右检查成活率，可用手左右或上下触动叶柄，如即可脱落，说明伤口已经愈合，嫁接成活。此时要将捆扎物除掉。

5.4.3 嫁接苗

嫁接苗的培育过程中，整地、扦插及管理同扦插育苗。

6 苗木移植

依照苗木用途及生长势，确定移植的次数、时间和密度，一般 1～2 年即可移植；移植时间应在春季发芽前进行，采用穴植法，移植苗木保留侧根 15～20cm，树冠进行必要的、合理的修剪。移植后进行中耕除草，加强水肥管理和病虫害防治。

7 苗木出圃与运输

苗木出圃前，应进行调查分级，确定出圃规格，一般苗木胸径达到 3～6cm 即可出圃，选取树体无损伤、无病虫害的优质苗木出圃。采用裸根起苗，装车前进行苗木检疫、消毒，运输时采取遮阴措施，防止苗木过多失水。

附 录

附录 2　植物拉丁名索引

图书在版编目（CIP）数据

天津山区绿化植物图鉴 / 天津市蓟州区林业局编.
-- 北京：中国林业出版社, 2021.5
ISBN 978-7-5219-0757-5

Ⅰ.①天… Ⅱ.①天… Ⅲ.①园林植物－天津－图集
Ⅳ.①S68-64

中国版本图书馆CIP数据核字(2020)第166270号

中国林业出版社 · 林业分社

责任编辑：李敏　　　电话：(010) 83143575

出　版	中国林业出版社（100009 北京市西城区刘海胡同 7 号）
网　址	http://lycb.forestry.gov.cn/lycb.html
发　行	中国林业出版社
印　刷	北京博海升彩色印刷有限公司
版　次	2021 年 5 月第 1 版
印　次	2021 年 5 月第 1 次
开　本	880mm×1230mm　32 开
印　张	9.75
字　数	339 千字
定　价	99.00 元